高职高专"十二五"规划教材

冶金制图习题集

主　编　牛海云　朱喜霞
副主编　李海波　史学红　秦凤婷

北　京
冶 金 工 业 出 版 社
2012

内容提要

本书与《冶金制图》教材配套编写，书中由浅入深地安排了各种典型习题供学生练习。对应《冶金制图》的9个学习情境，本书内容也包括识读图纸并绘制简单平面图形，识读并绘制简单立体投影图，绘制与识读组合体视图，绘制轴测图，识读零件图，识读装配图，识读冶金生产工艺流程图，AutoCAD 二维绘图，AutoCAD 三维绘图9个部分。

本书适合于高职高专院校冶金技术和材料工程技术（轧钢）类相关专业项目化教学使用，也可供其他高等职业技术学院、高等工程专科学校以及成人高等院校非机械类专业学生练习使用。

图书在版编目(CIP)数据

冶金制图习题集/牛海云,朱喜霞主编．—北京:冶金工业出版社,2012.8

高职高专“十二五”规划教材

ISBN 978-7-5024-5983-3

Ⅰ.①冶…　Ⅱ.①牛…　②朱…　Ⅲ.①冶金工业—机械制图—高等职业教育—习题集　Ⅳ.①TF302－44

中国版本图书馆 CIP 数据核字(2012)第179178号

出 版 人　曹胜利
地　　址　北京北河沿大街嵩祝院北巷39号,邮编100009
电　　话　(010)64027926　电子信箱　yjcbs@cnmip.com.cn
责任编辑　张耀辉　宋　良　美术编辑　李　新　版式设计　葛新霞
责任校对　石　静　责任印制　张祺鑫
ISBN 978-7-5024-5983-3
三河市双峰印刷装订有限公司印刷;冶金工业出版社出版发行;各地新华书店经销
2012年8月第1版,2012年8月第1次印刷
787mm×1092mm　1/16;8.75印张;120千字;66页
20.00元

冶金工业出版社投稿电话:(010)64027932　投稿信箱:tougao@cnmip.com.cn
冶金工业出版社发行部　电话:(010)64044283　传真:(010)64027893
冶金书店　地址:北京东四西大街46号(100010)　电话:(010)65289081(兼传真)

前 言

本书根据新形势下高等职业教育的发展要求，以训练学生实践动手能力和职业技能为目的，在认真总结和充分吸收高职院校基于工作过程的课程改革经验的基础上，结合编者多年的教学经验编写而成。它充分考虑当前学生的学习特点及一般规律，采取任务驱动的教育理念，最大限度地培养学生学习的积极性和主动性。本书与牛海云、朱喜霞主编的《冶金制图》教材配套使用，其内容的编排与教材的情境设计顺序一致，难度适中，便于学生理解和掌握。

本书具有如下特点：

(1)习题的难易程度由浅入深、循序渐进，符合学生的认知规律。

(2)各情境习题典型，目的明确，选题围绕教材中设置的各个学习任务而定，同时重点突出，覆盖面广，能够满足不同专业、不同层次的教学需要。

(3)注重与冶金专业对接，选择了典型的冶金设备及工艺流程图进行识读训练。

(4)注重学生实践能力的培养，加强了 AutoCAD 绘图技能的训练。

本书由济源职业技术学院牛海云、朱喜霞任主编，首钢技术研究院李海波、山西工程职业技术学院史学红和济源职业技术学院秦凤婷任副主编，参加编写工作的还有济源职业技术学院雷勇、郭江、宋玉安，包头钢铁职业技术学院王晓丽，河北工业职业技术学院高云飞以及河南济源钢铁(集团)有限公司的晁霞;本书由内蒙古机电职业技术学院刘敏丽教授主审。

在编写过程中,参阅了大量相关文献,在此特向有关作者致谢。

由于编者水平有限,书中不足之处,敬请同行专家和读者批评指正。

编　者
2012年6月

目　录

学习情境1　识读图纸并绘制简单平面图形

1-1　线型练习（在指定位置抄画各种图线）。

(1)

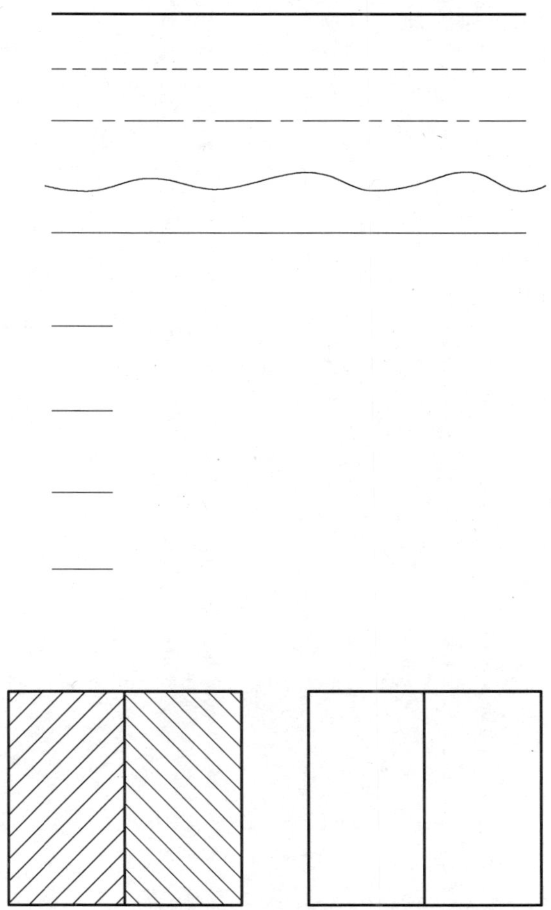

(2)

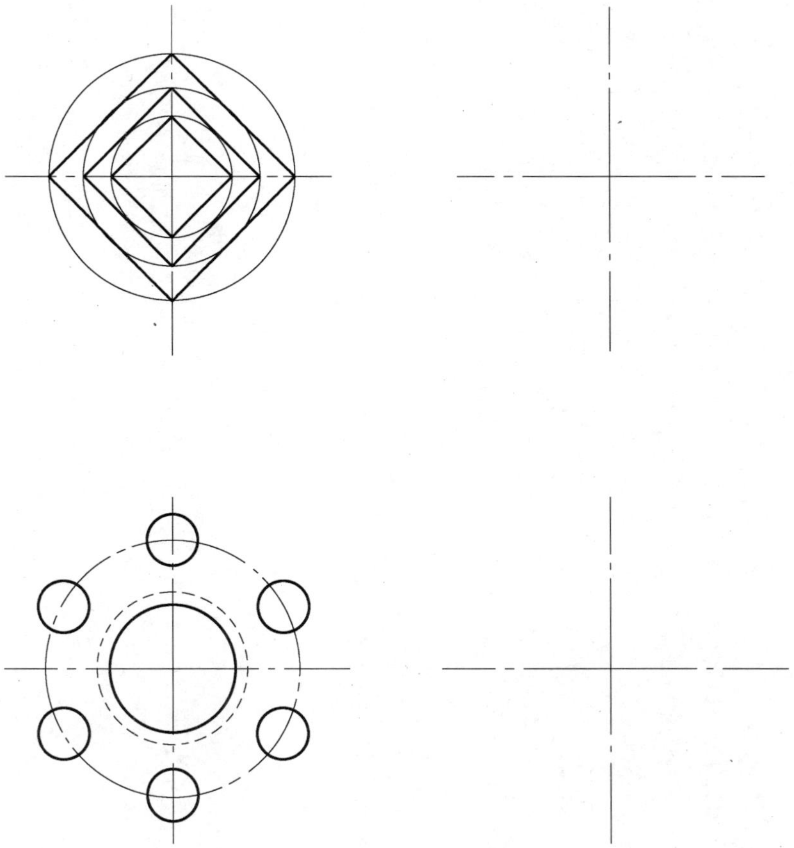

班级　　　　姓名　　　　学号

1－2　尺寸标注（数值从图中量取并取整）。

(1)线性尺寸。

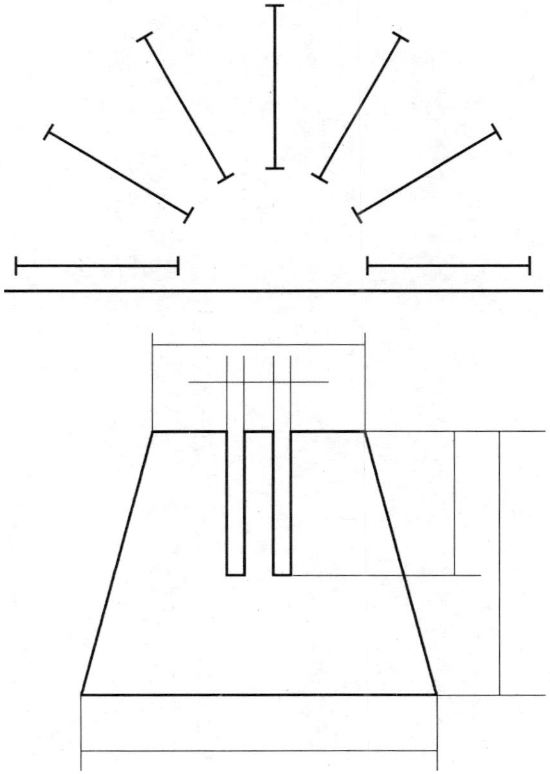

(2)圆的直径。

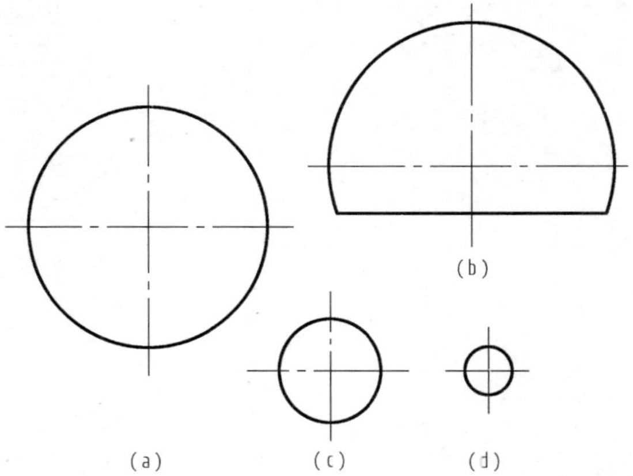

(3)圆弧半径。

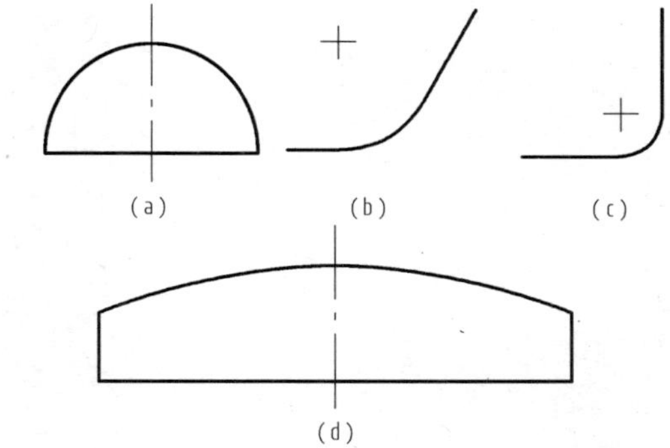

班级　　　　　　姓名　　　　　　学号

1-3 尺寸标注（数值从图中量取并取整）。

(1)正确标注角度尺寸和小尺寸。

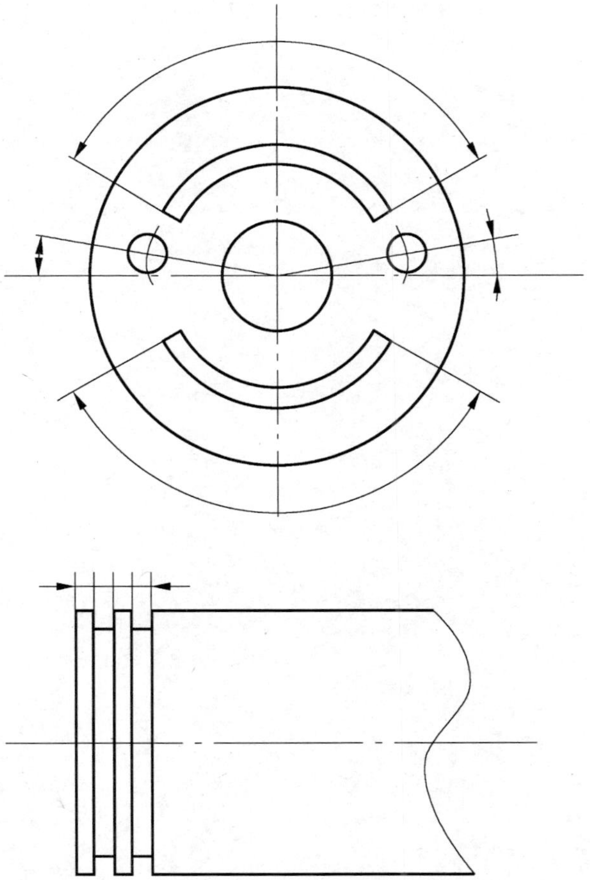

(2)找出图中标注的错误，并正确标注尺寸。

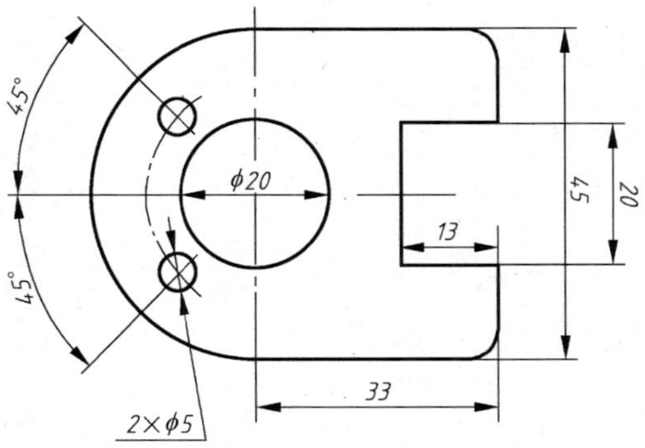

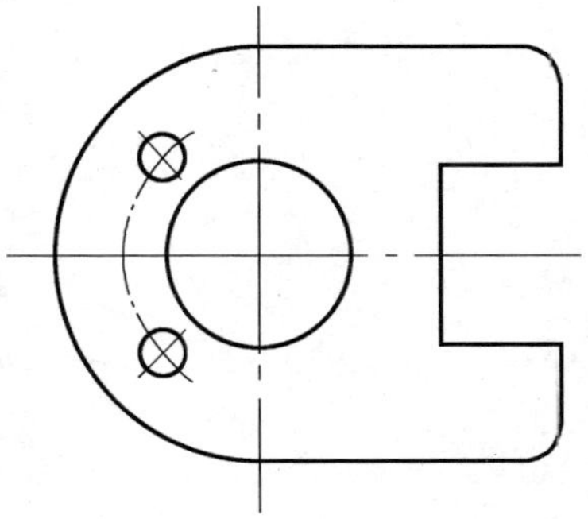

班级　　　　姓名　　　　学号

1-4 、用 AutoCAD 绘制平面图形并标注尺寸。

(1)

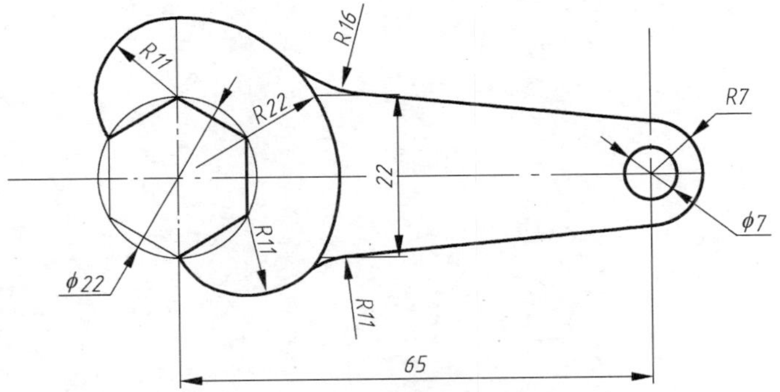

(2)

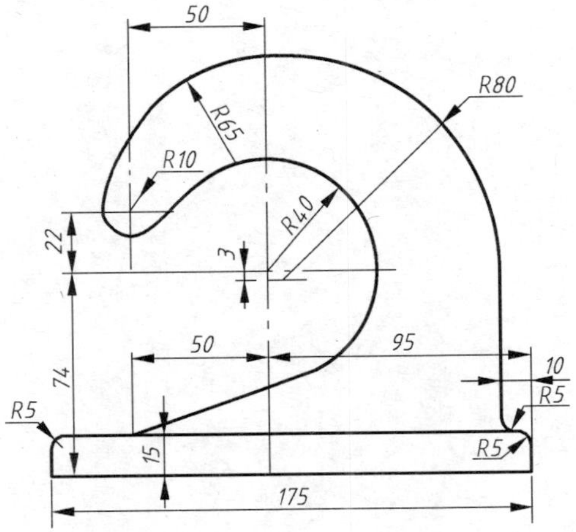

(3)

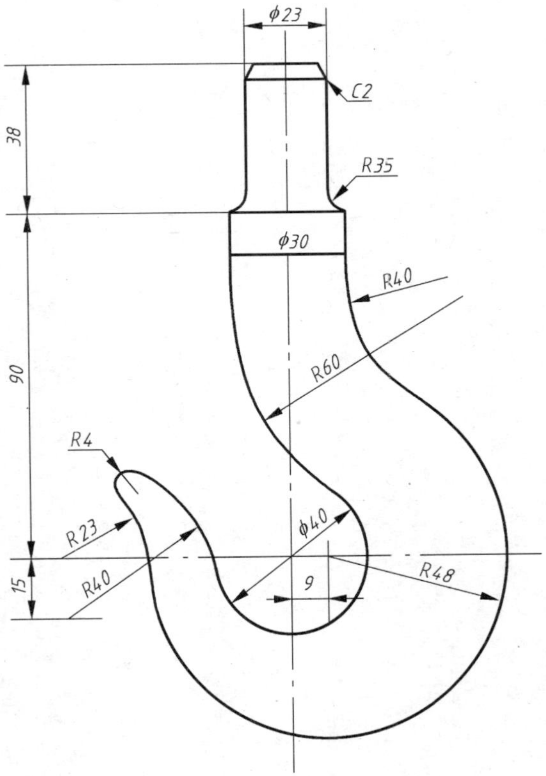

班级　　　　姓名　　　　学号

学习情境2　识读并绘制简单立体投影图

2-1　根据立体图所表示的物体形状，找出其各自对应的三视图。

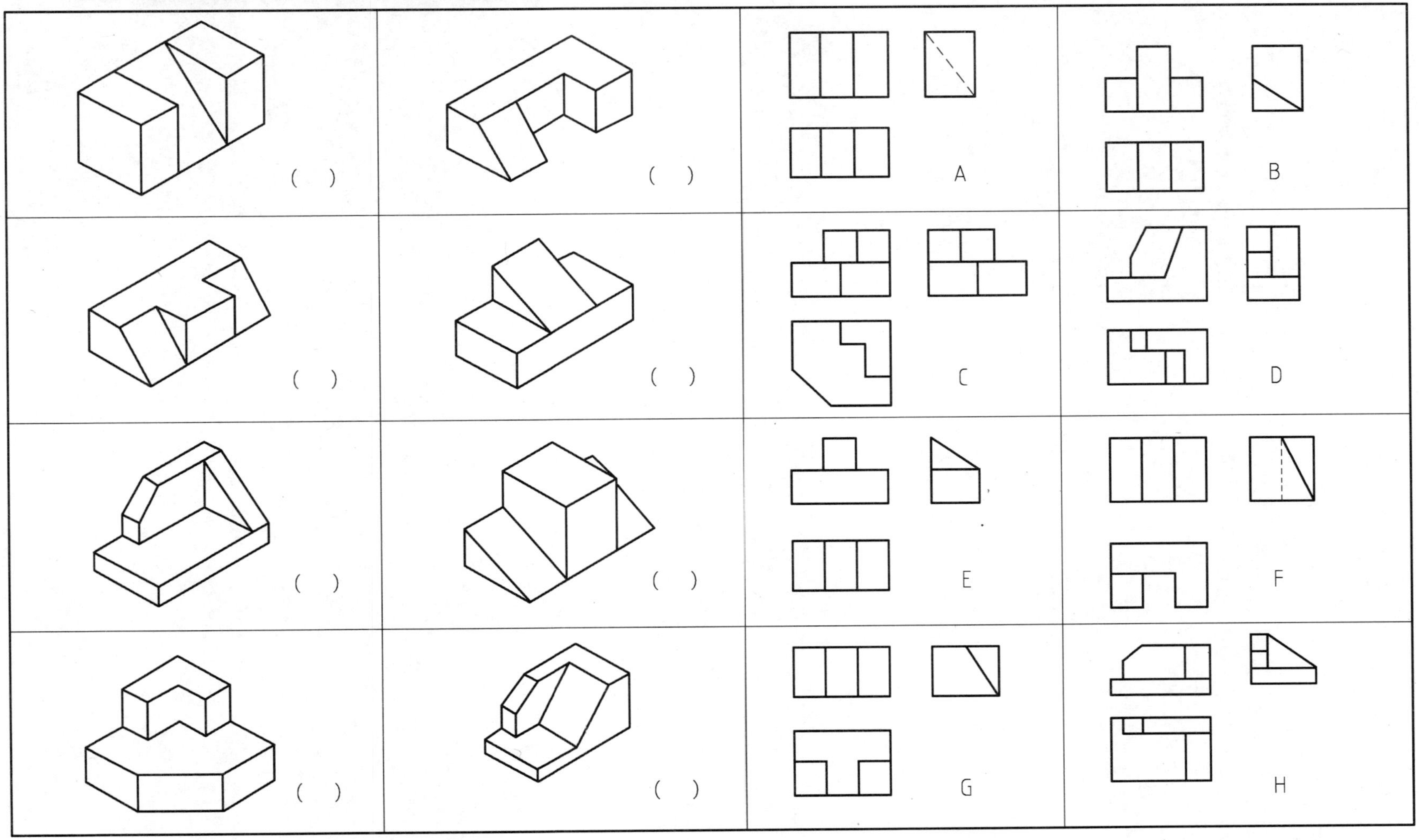

班级　　　　　　姓名　　　　　　学号

2－2　对照立体图，补画第三视图。

(1)

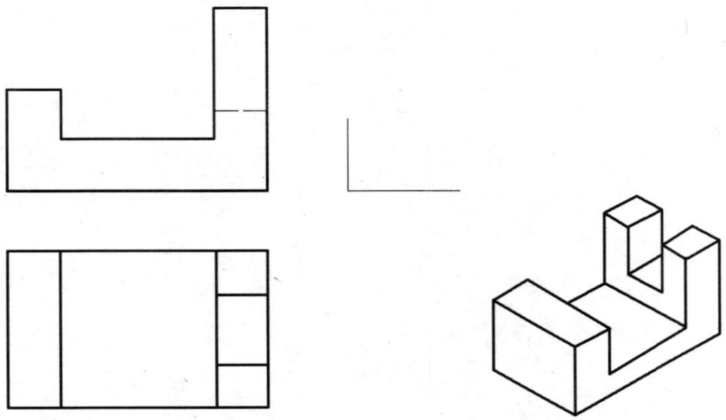

(2)

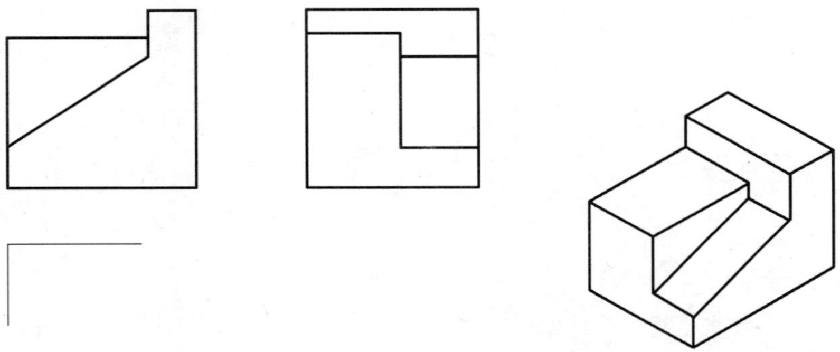

(3)

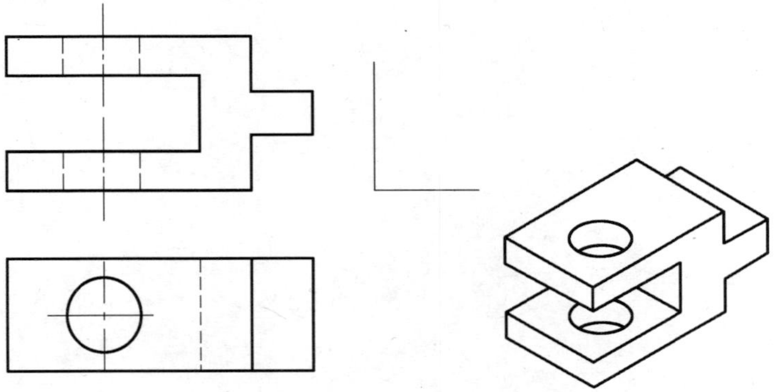

(4)

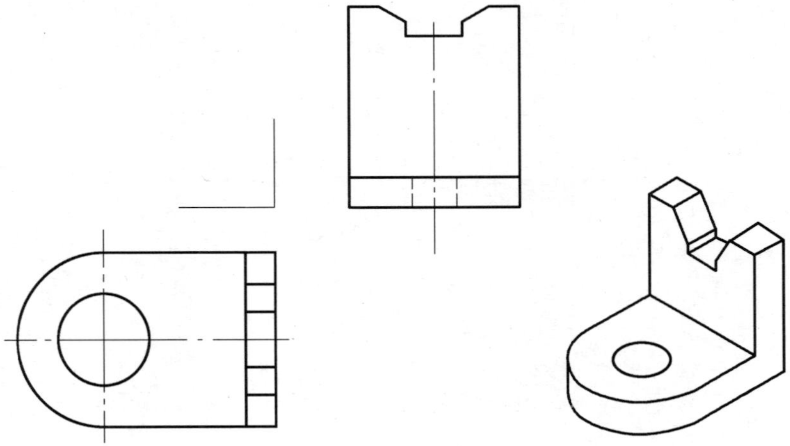

班级　　　　　　姓名　　　　　　学号

2 –3　点的投影练习。

(1)　已知A、B两点的两面投影，求作其第三面投影。

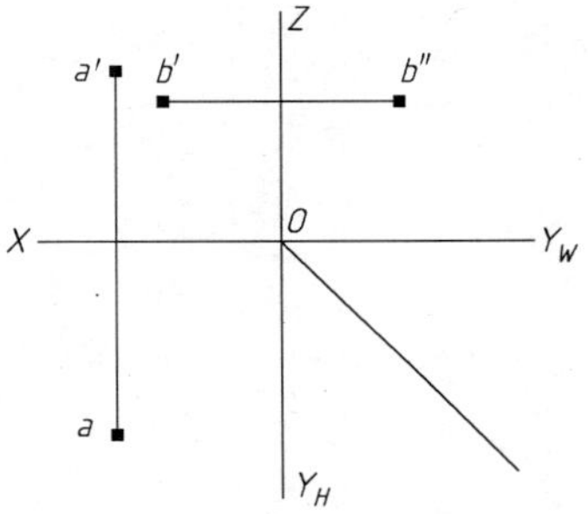

(2) A点距H面10mm，距V面15mm，距W面10mm，求作其三面投影。

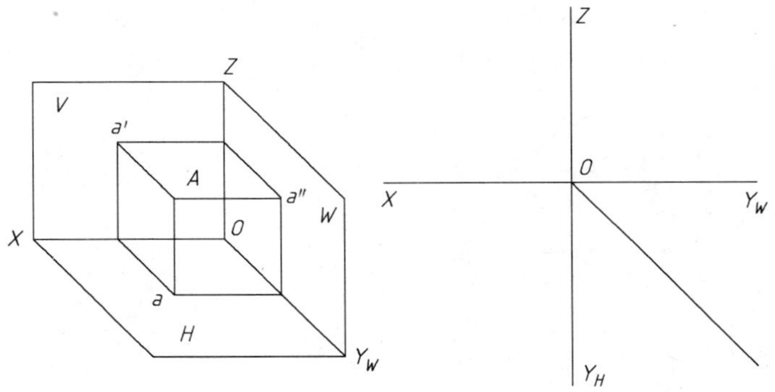

(3)已知A点的三面投影，B点在A点的右方8mm、前方10mm、下方5mm处，求作B点的三面投影。

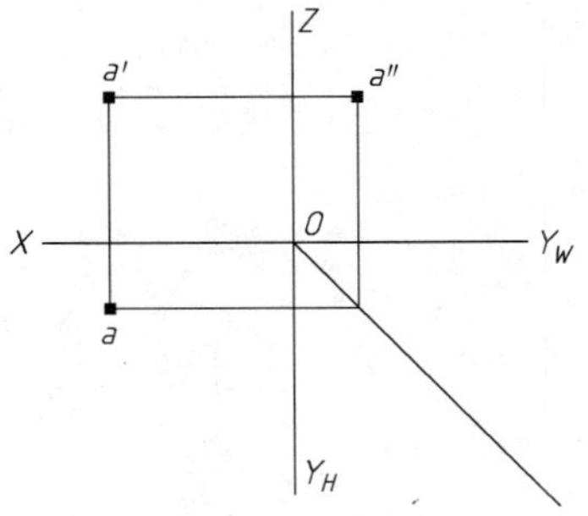

(4)已知A、B、C、D各点的两面投影，求作其第三面投影。

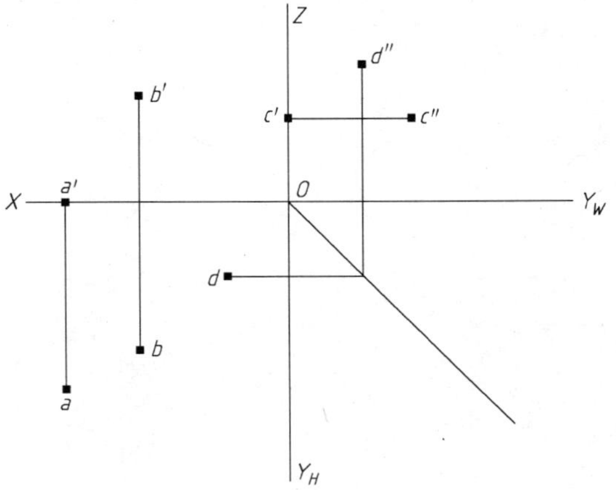

班级　　　　姓名　　　　学号

2-4 点的投影练习。

(1)参照立体图，在三视图上标出A、B两点的投影，并判断其相对位置。

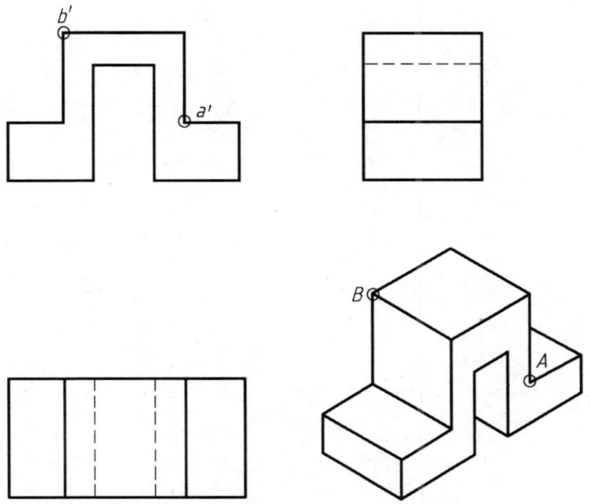

A点在B点之：

（上、下）

（前、后）

（左、右）

(2)参照三视图，在立体图上标出C、D两点的位置，并判断其相对位置。

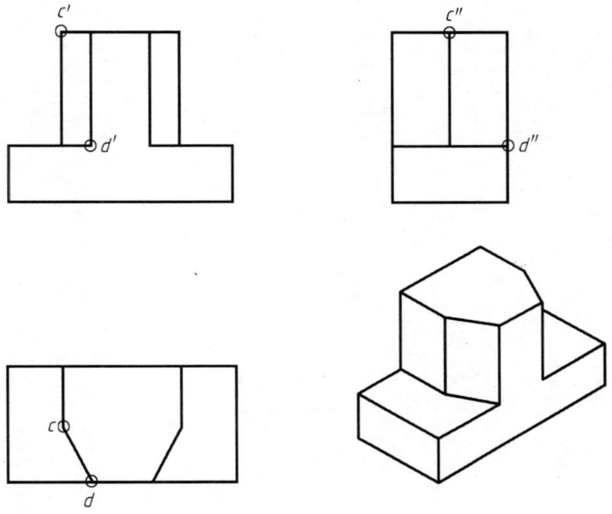

C点在D点之：

（上、下）

（前、后）

（左、右）

班级　　姓名　　学号

2－5　画出所给直线的投影图并填空（其他条件自定）。

(1)正平线。

________面投影反映实长；

________面投影平行OX轴；

________面投影平行OZ轴。

(2)侧平线。

________面投影反映实长；

________面投影平行OY轴；

________面投影平行OZ轴。

(3)水平线。

________面投影反映实长；

________面投影平行OX轴；

________面投影平行OY轴。

(4)正垂线。

________面投影积聚为一点；

________面投影反映实长。

(5)侧垂线。

________面投影积聚为一点；

________面投影反映实长。

(6)铅垂线。

________面投影积聚为一点；

________面投影反映实长。

班级　　　　姓名　　　　学号

2-6 直线的投影练习（一）。

(1)求出各直线的第三面投影,并判断直线对投影面的相对位置。

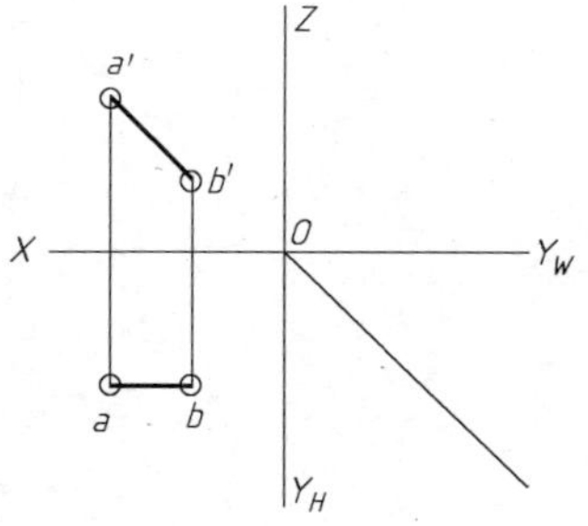

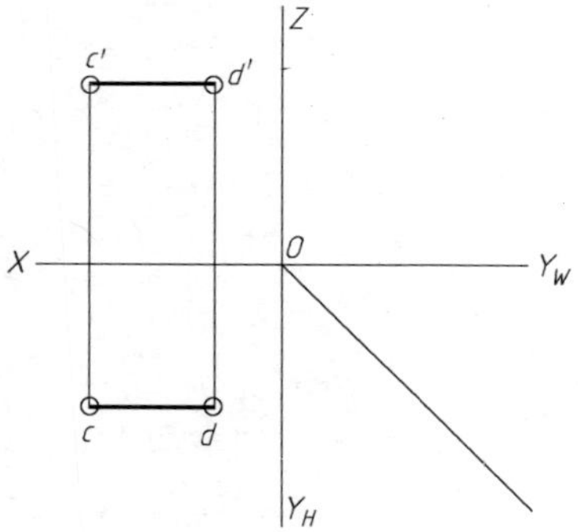

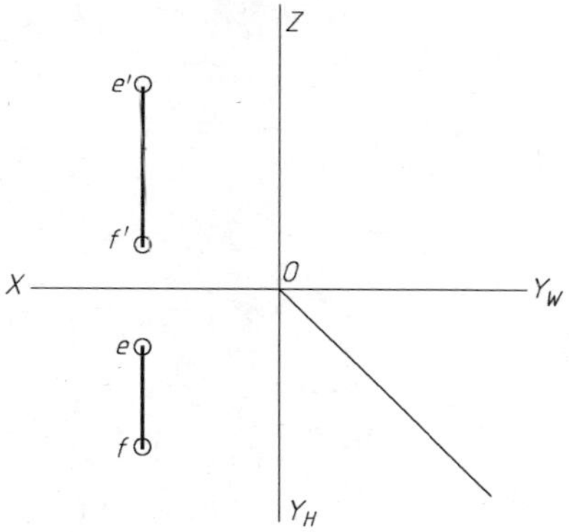

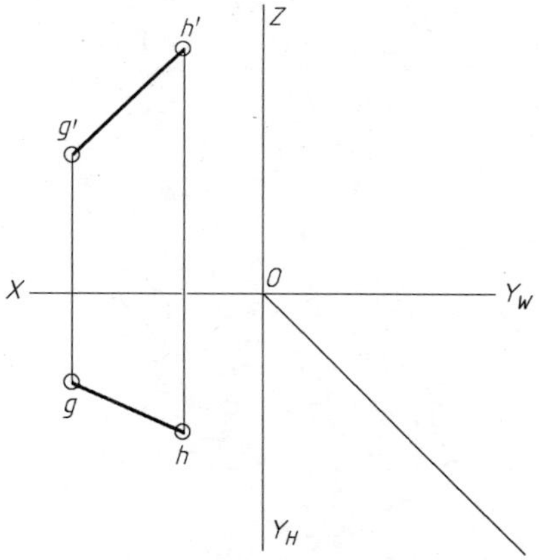

(2)过 C 点作侧垂线 CD=5mm(由左向右)。

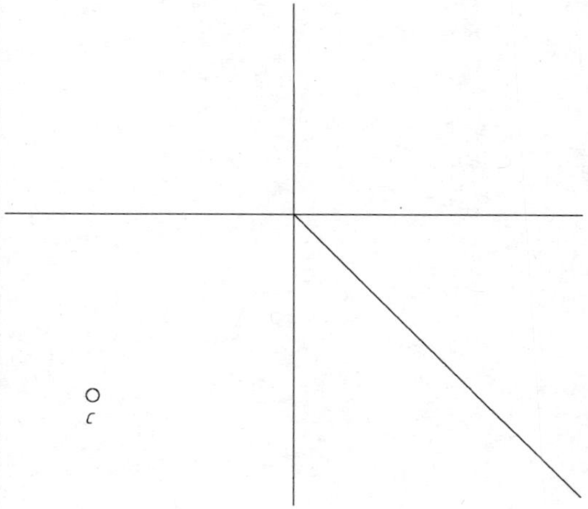

(3) EF 为水平线,方向向右、向后,长度为20mm,与 V 面的倾角 β=30°。

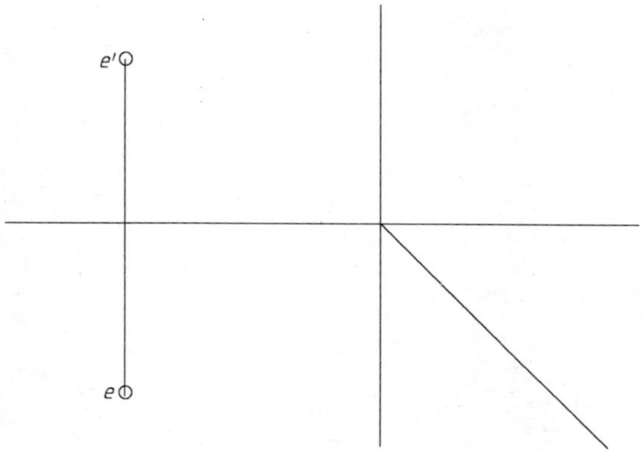

(4) MN 为铅垂线,到 V 面和 W 面的距离相等。

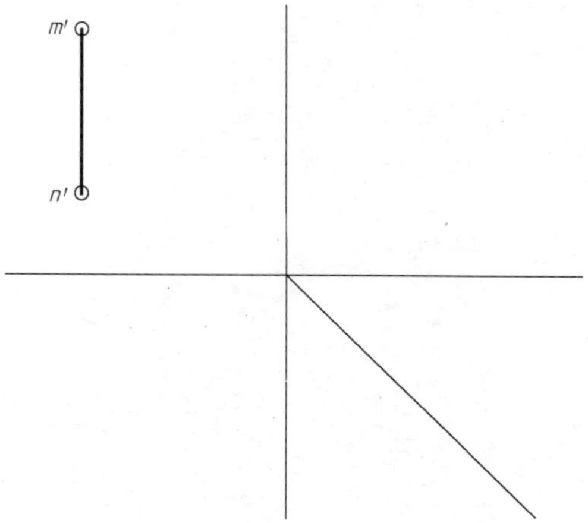

班级　　　　姓名　　　　学号

2-7 直线的投影练习（二）。

(1) 侧平线上有点 G，不作出第三面投影，求 G 点的水平投影。

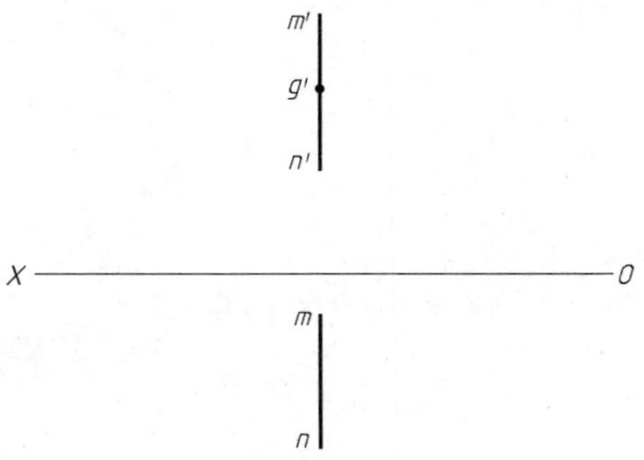

(2) 过点 M 作直线与 AB 相交，交点距离 H 面 20mm。

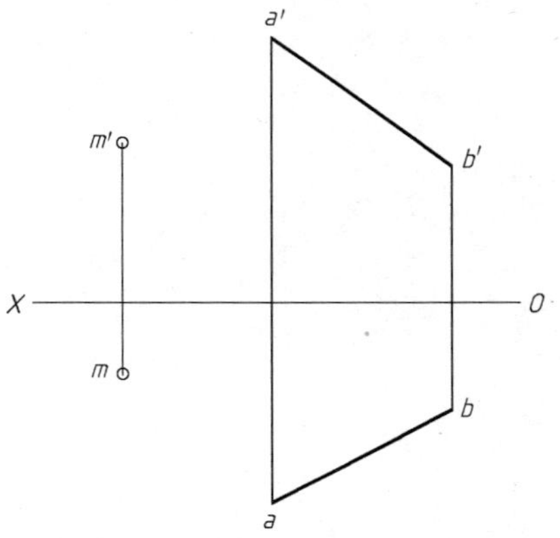

(3) 作一距 V 面 15mm 的正平线与直线 EF、MN 相交。

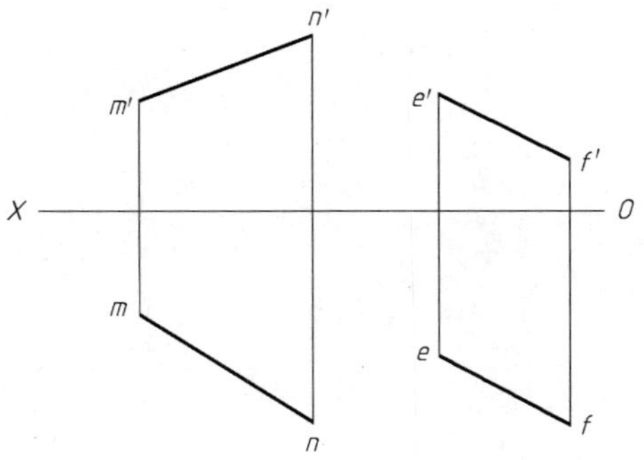

(4) 作出 AB、CD 两交叉直线上两重影点的投影。

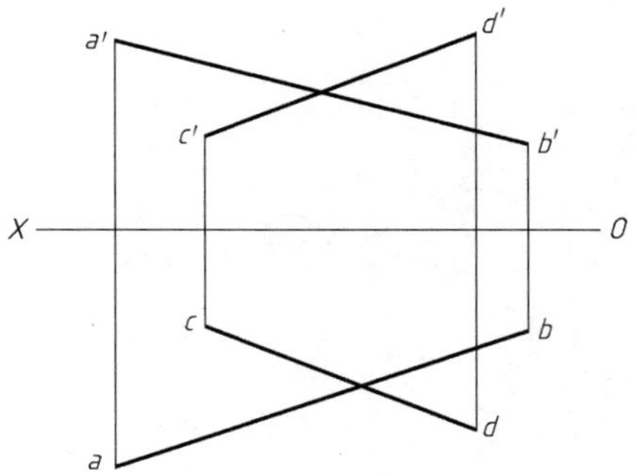

班级　　　　姓名　　　　学号

2-8 平面的投影练习：已知平面的两面投影，求作第三面投影，并说明该平面是何种位置平面。

(1)

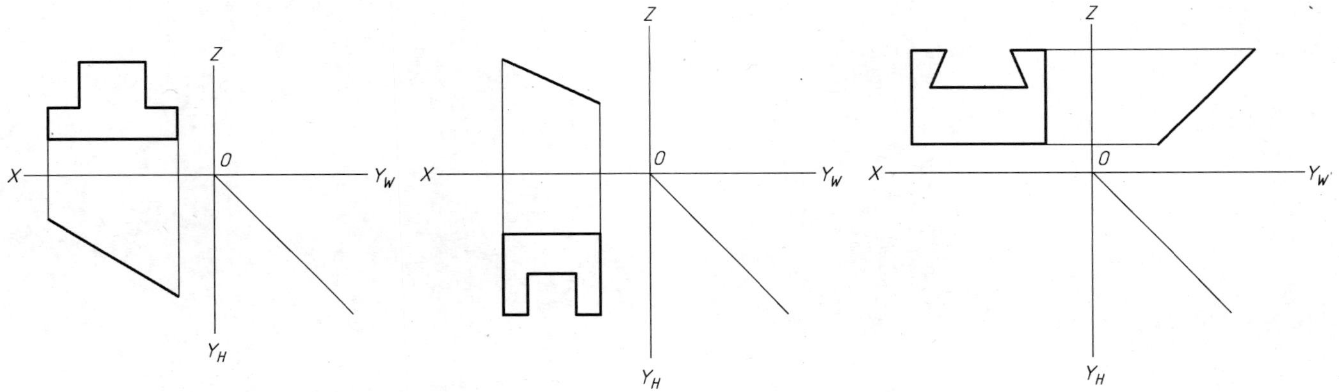

(2)

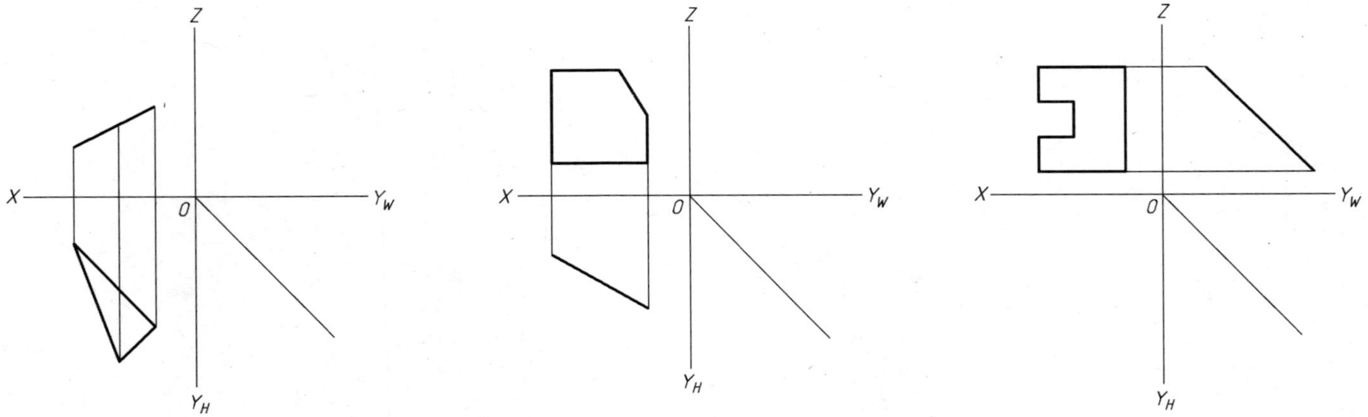

班级　　　　姓名　　　　学号

2－9　参照立体图，标出直线或平面的三面投影，并根据它们对投影面的相对位置填空。

(1)

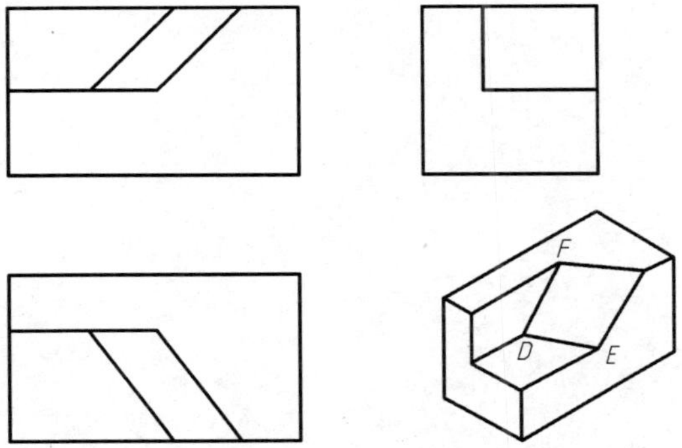

DF为______线，DE为______线。

(2)

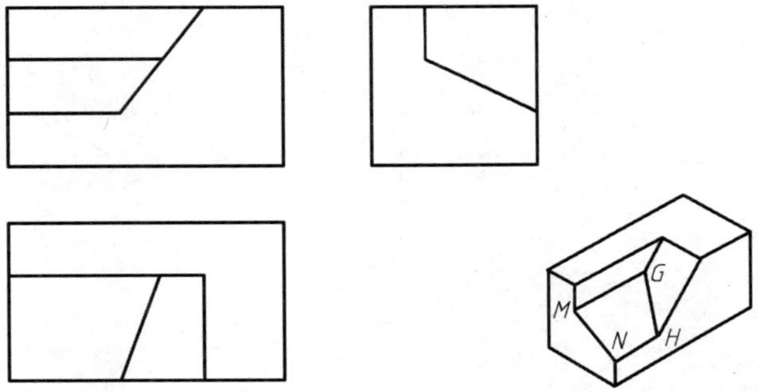

GH为______线，MN为______线。

(3)

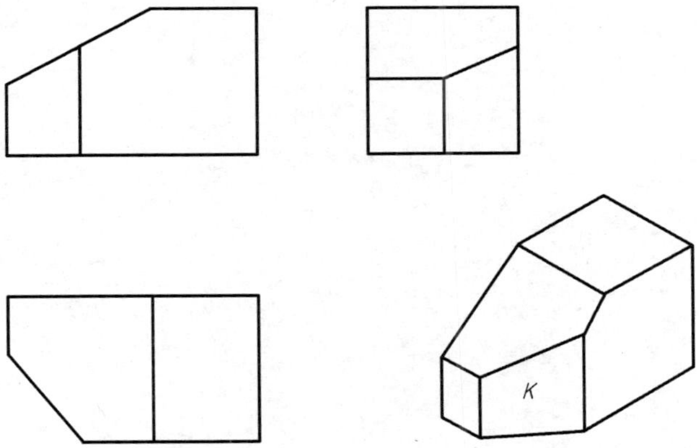

K为______面。

(4)找出A、B面的三面投影，并涂黑标记。

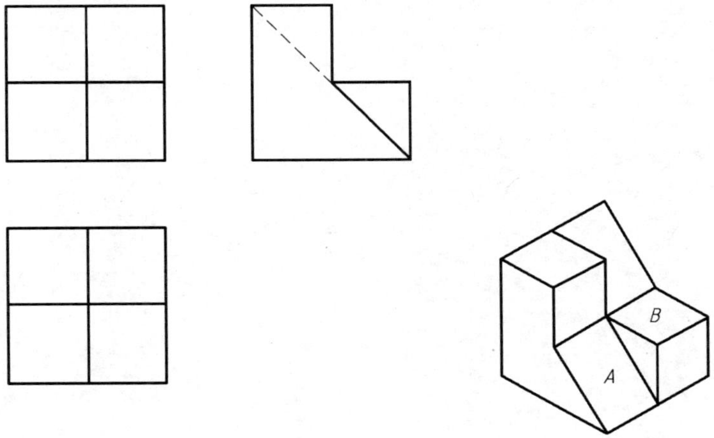

班级　　　　姓名　　　　学号

2－10　根据要求，求作平面上的直线和点。

(1) 点M在平面ABC上，作出它的另两面投影。

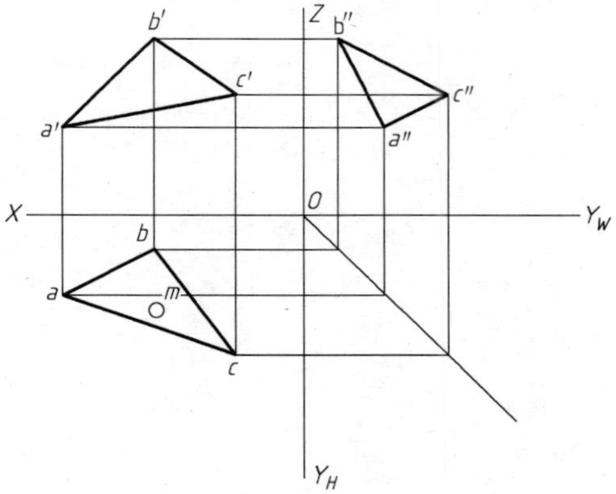

(2)作出平面$ABCD$的V面投影。

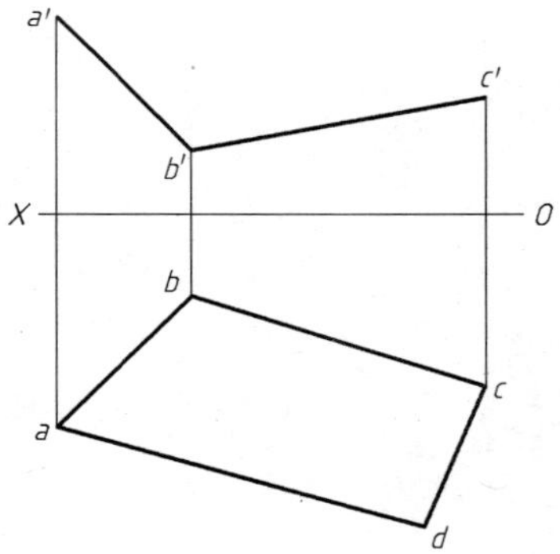

(3)在平面ABC上求一点K，使其与H面和V面的距离均等于15mm。

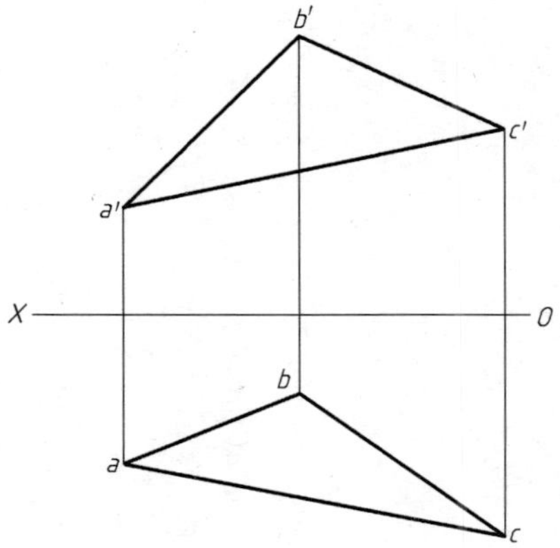

班级　　　　姓名　　　　学号

2－11 完成立体及其表面上各点的三面投影。

(1)四棱台。

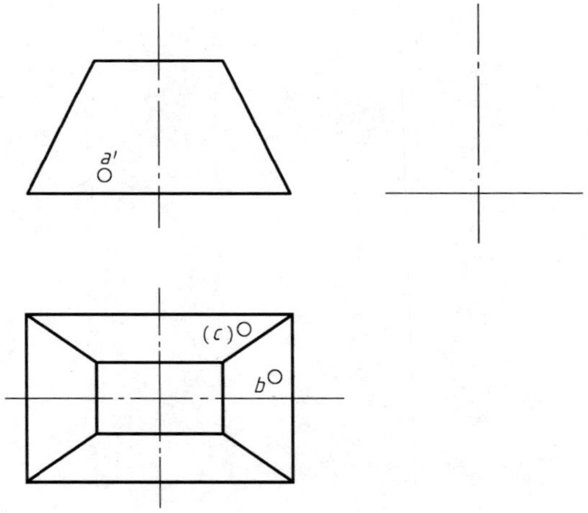

(2)圆锥。

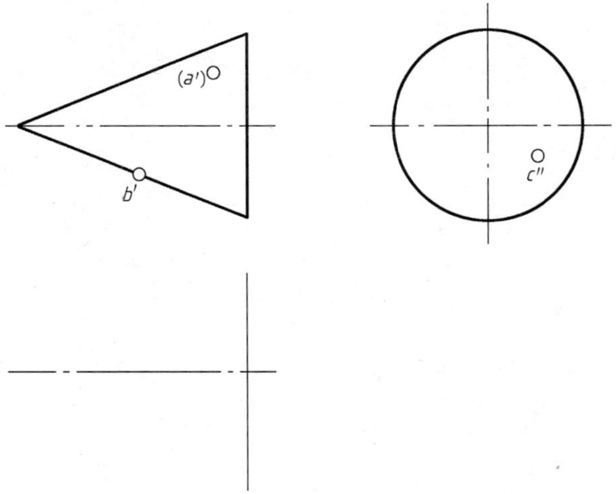

(3)半圆柱，高25mm。

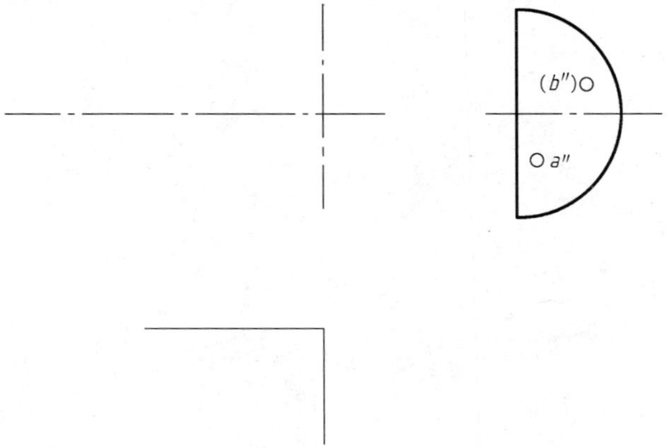

(4)四分之一圆球。

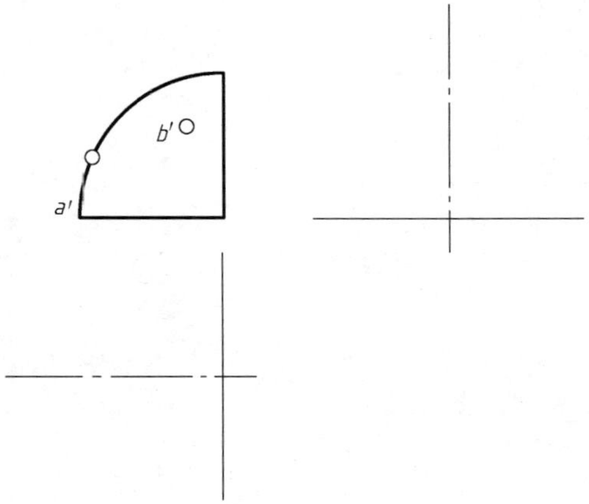

班级　　　　姓名　　　　学号

2－12　补画基本几何体的第三面投影，并画出表面上点和直线的另两面投影。

(1)

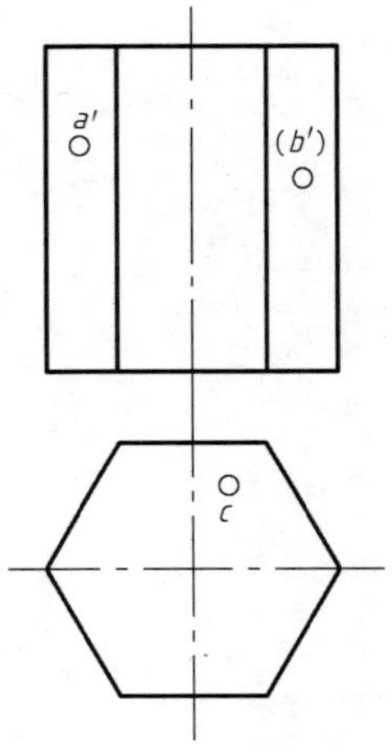

(2)

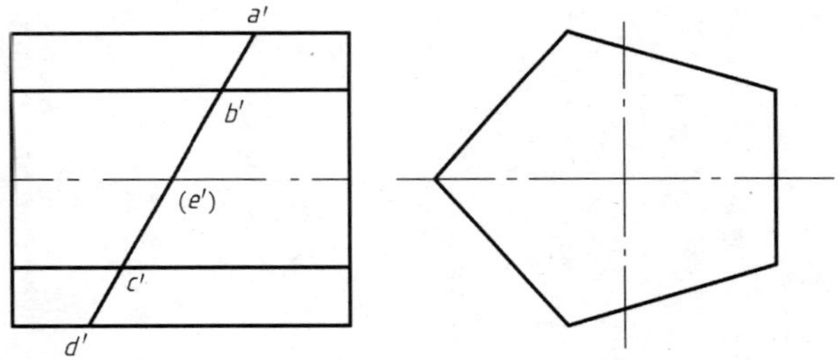

(3)

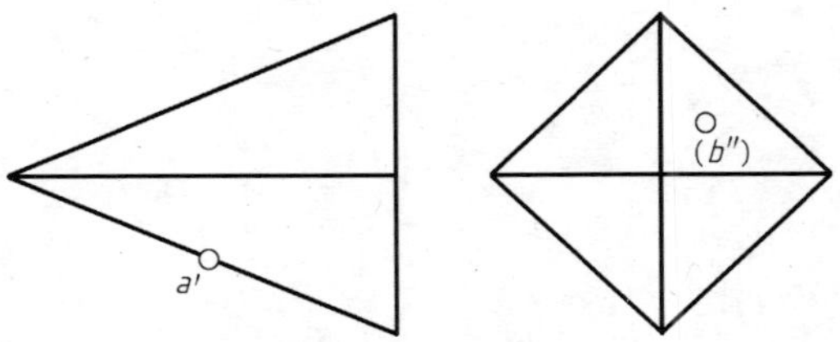

(4)

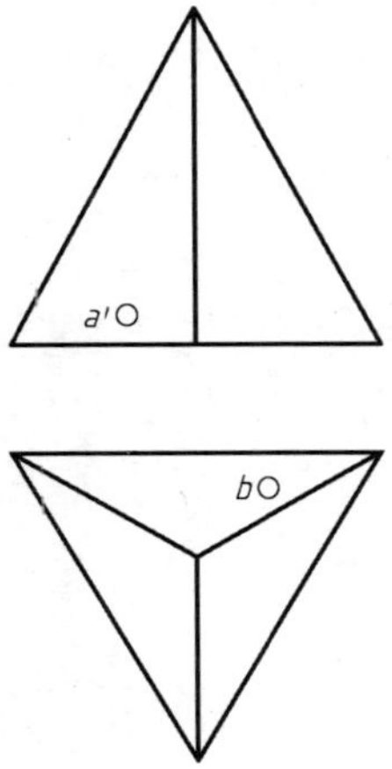

班级　　　　　　　姓名　　　　　　　学号

2－13　补画基本几何体的三面投影，并画出表面上点的另两面投影。

(1)

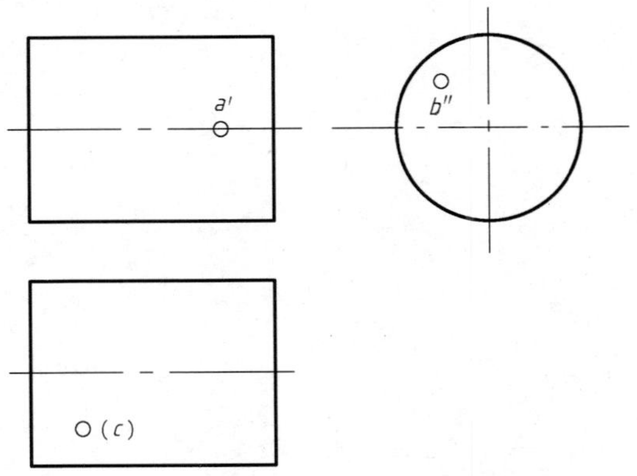

(2)

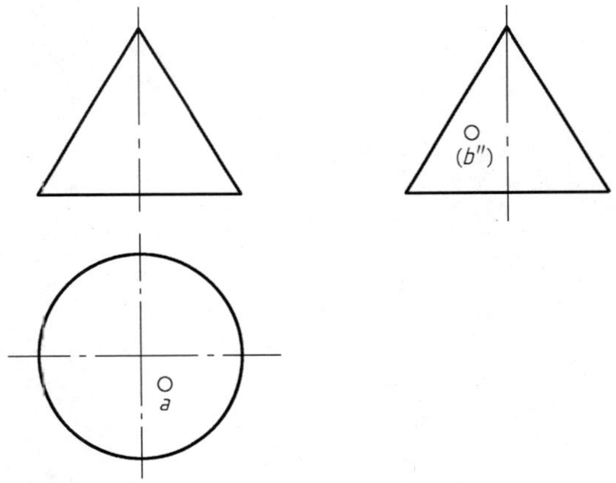

(3)

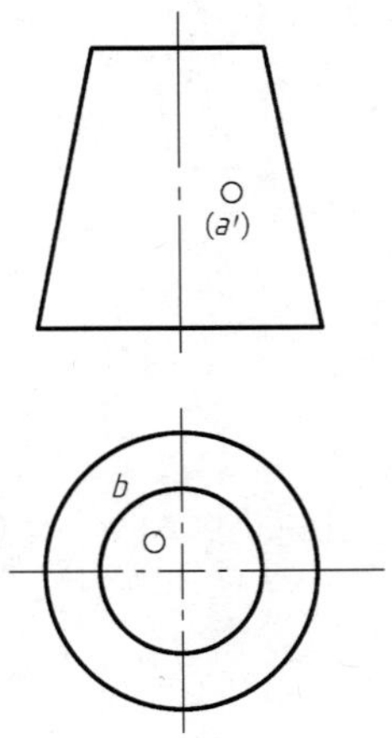

(4)

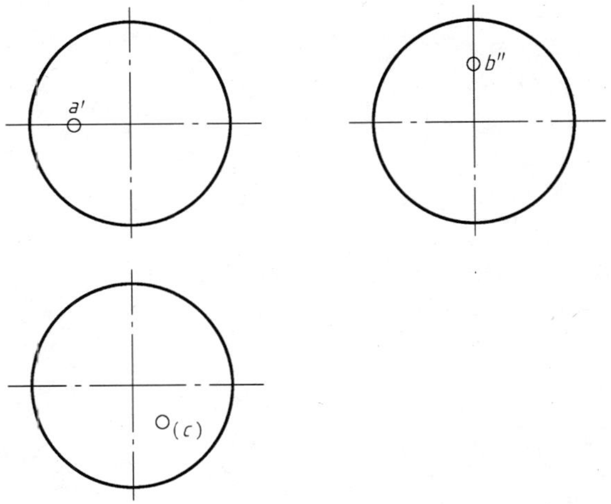

班级　　　　　　姓名　　　　　　学号

2－14　补画基本几何体的三面投影，并画出表面上线段的另两面投影。

(1)

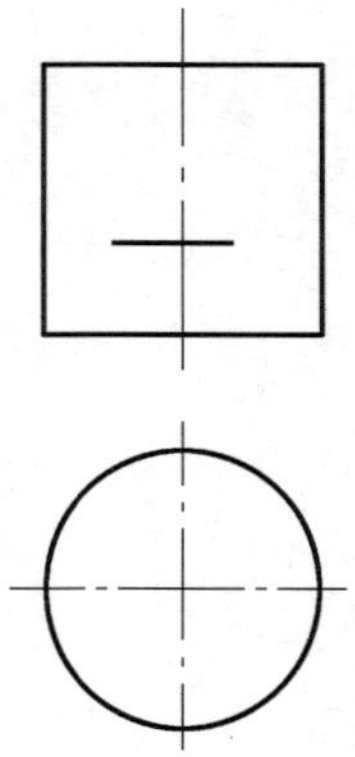

(2)

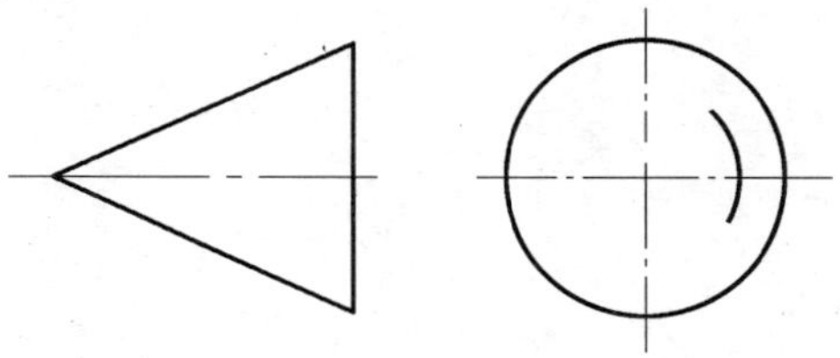

(3)

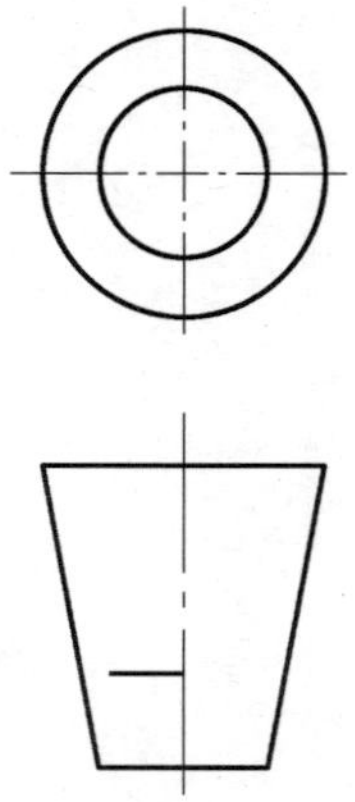

(4)

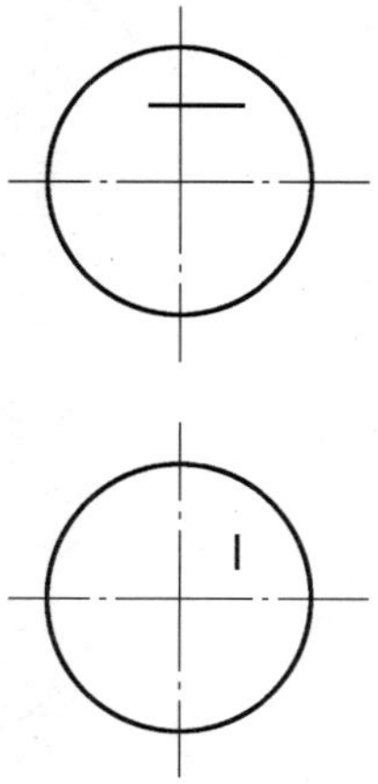

班级　　　　　　　　姓名　　　　　　　　学号

学习情境3　绘制与识读组合体视图

3-1　参照立体图，完成切割体的投影（一）。

(1)

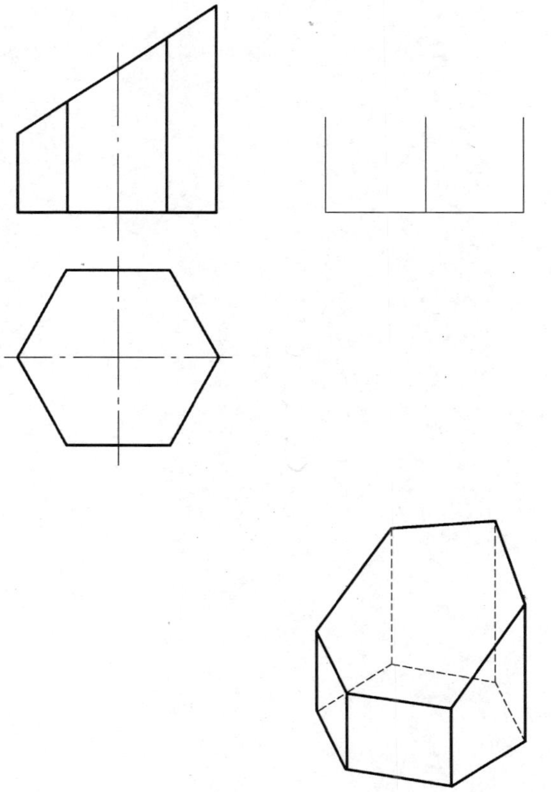

(2)

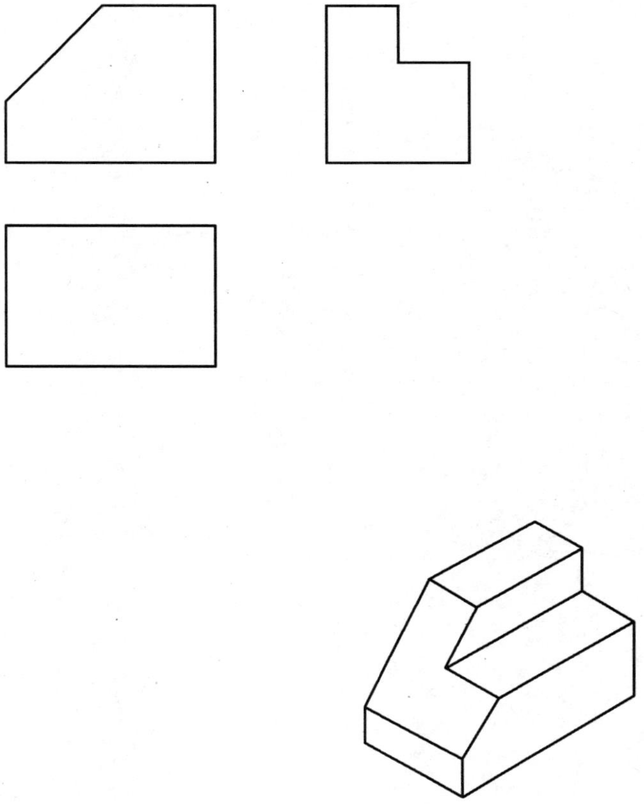

班级　　　　姓名　　　　学号

3-2　参照立体图，完成切割体的投影（二）。

(1)

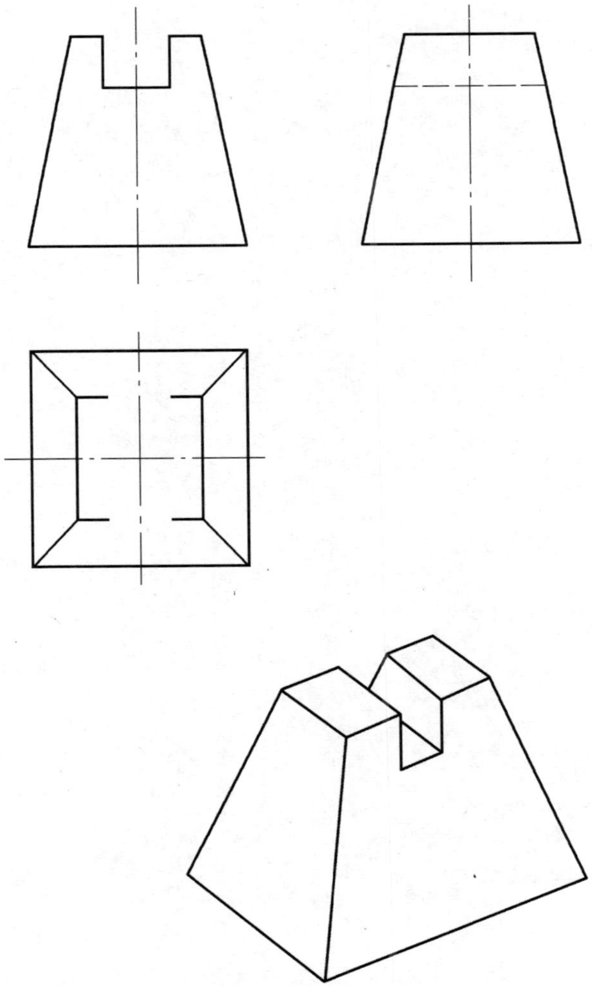

(2)

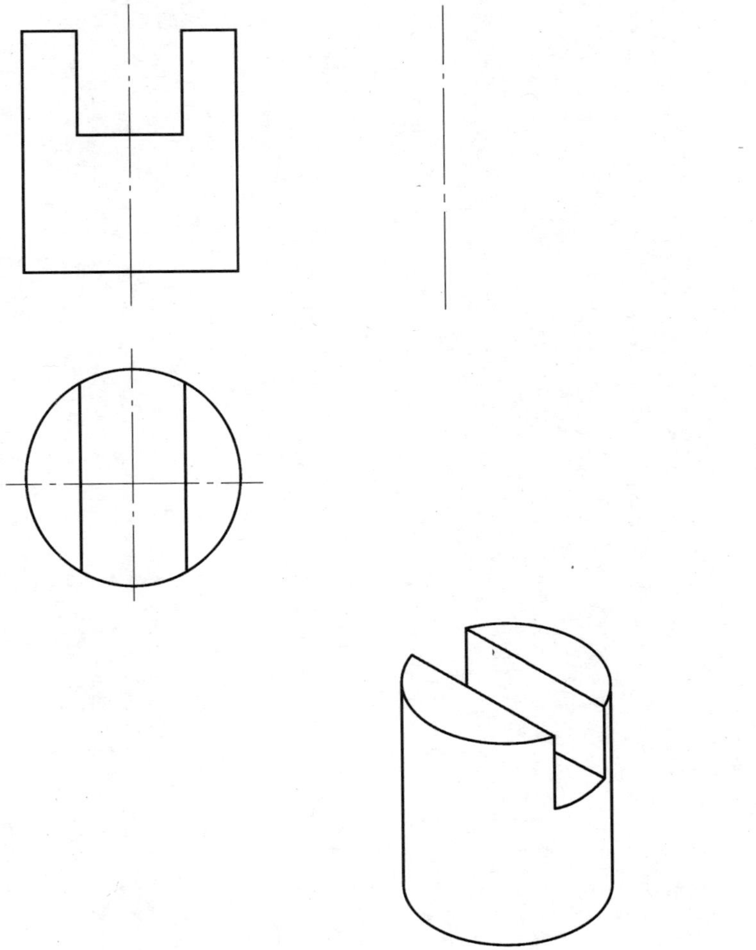

班级　　　　　　姓名　　　　　　学号

3 - 3　参照立体图，补全视图中所缺的图线（一）。

(1)

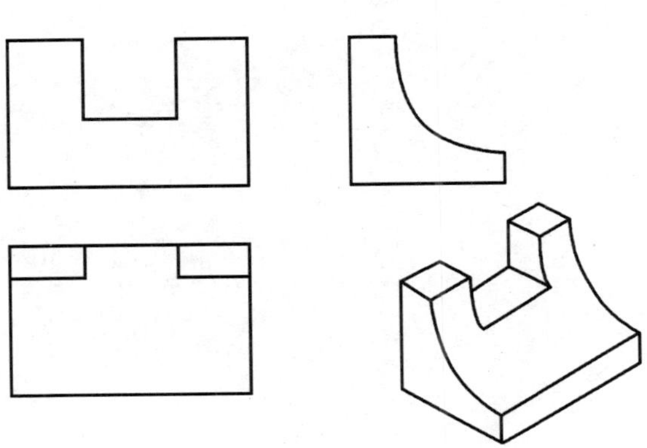

(2)

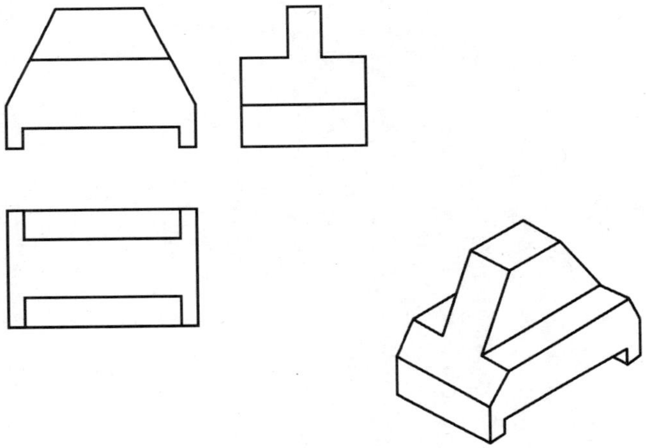

(3)

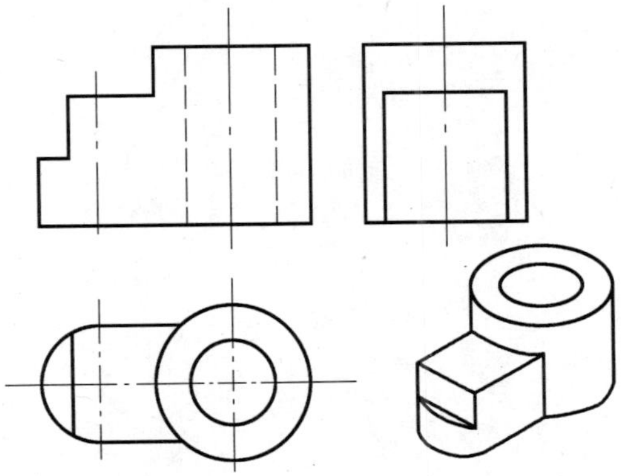

(4)

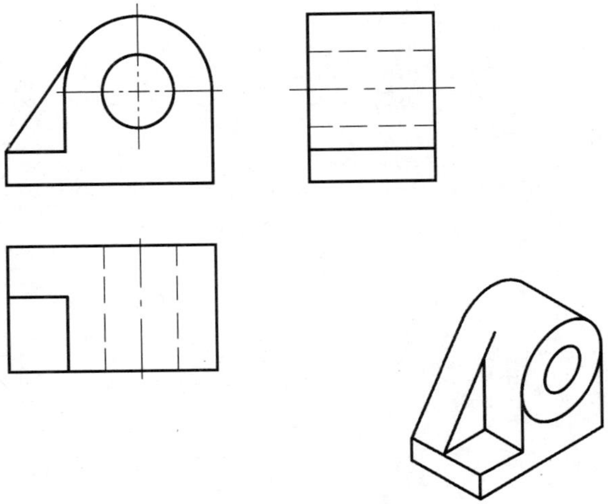

班级　　　　姓名　　　　学号

3－4　参照立体图，补全视图中所缺的图线（二）。

（1）

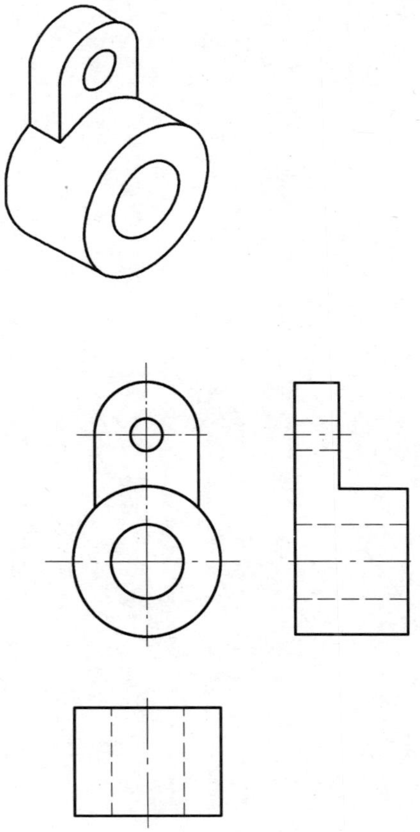

（2）

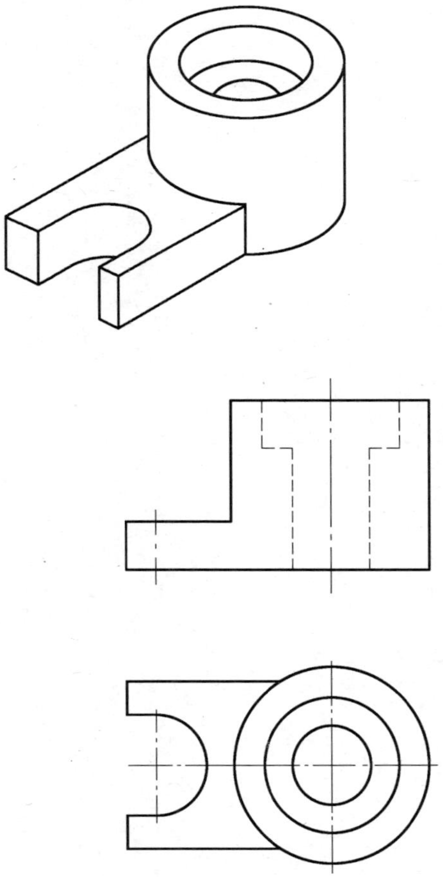

班级　　　　　　姓名　　　　　　学号

3-5 参照立体图，补全视图中所缺的图线（三）。

(1)

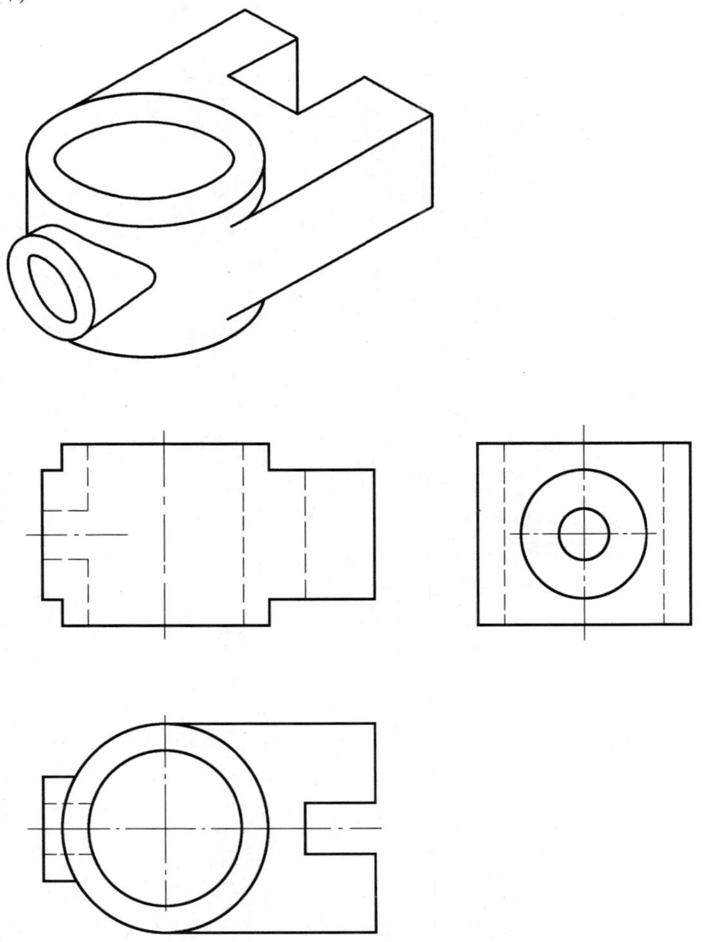

(2)

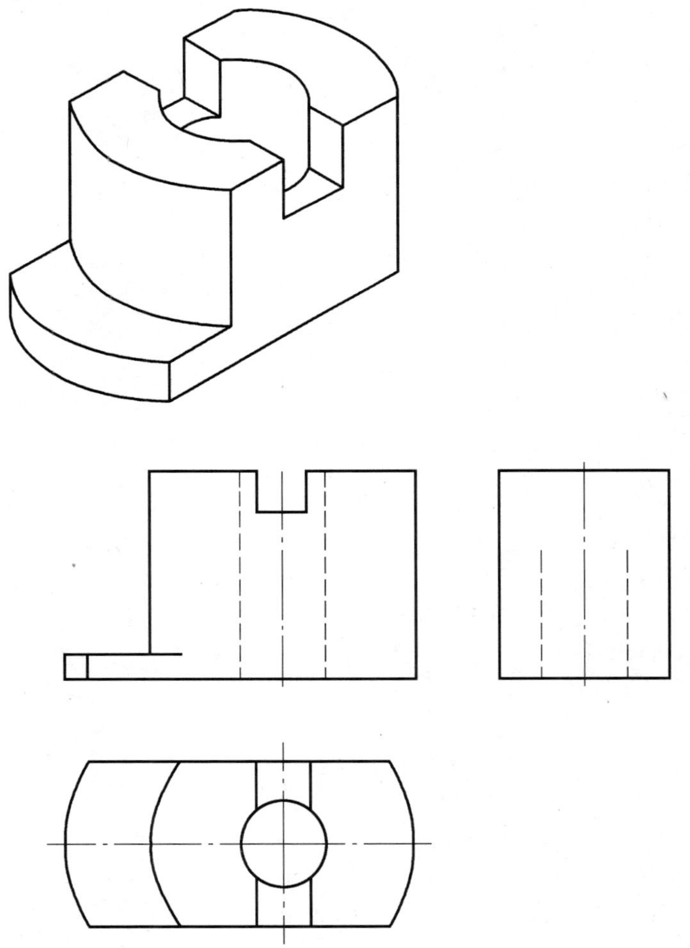

班级　　　　　　姓名　　　　　　学号

3-6 根据两个视图，补画第三视图（一）。

(1)

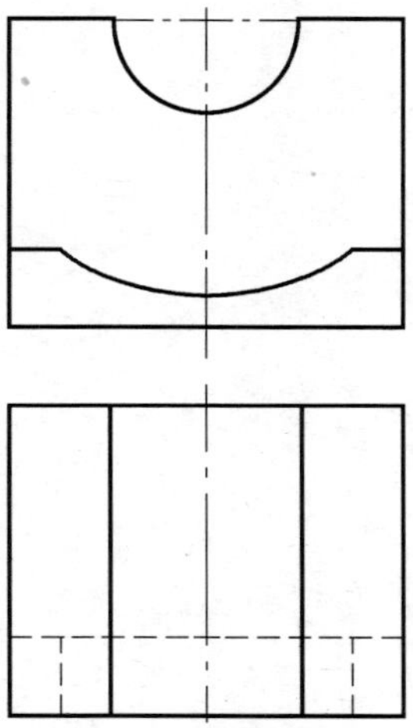

(2)

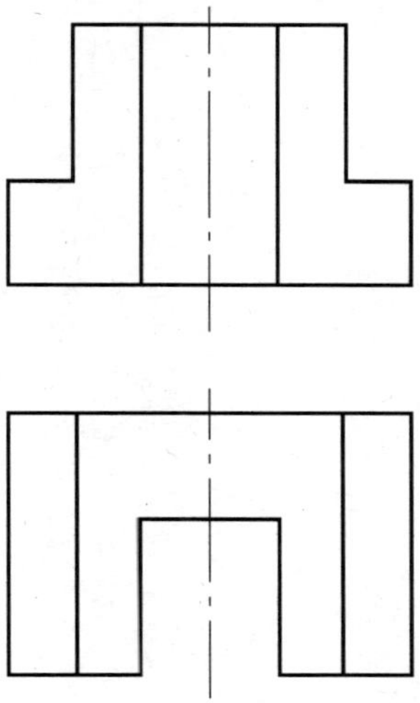

班级　　　　姓名　　　　学号

3－7　根据两个视图，补画第三视图（二）。

(1)

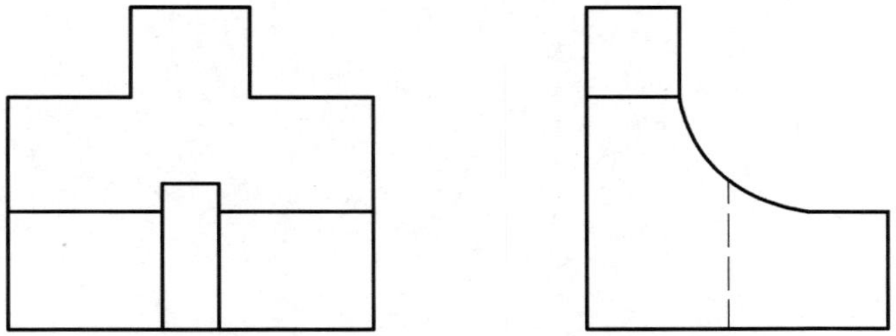

(2)

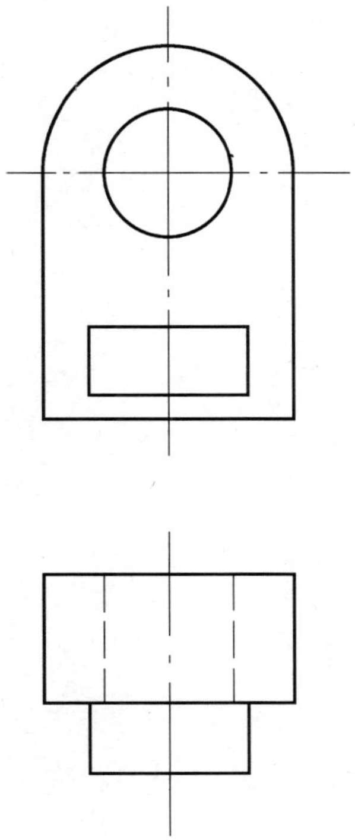

班级　　　　　　　　姓名　　　　　　　　学号

3-8　根据轴测图绘制三视图（按照图上所标注的尺寸绘制，比例自定）。

(1)

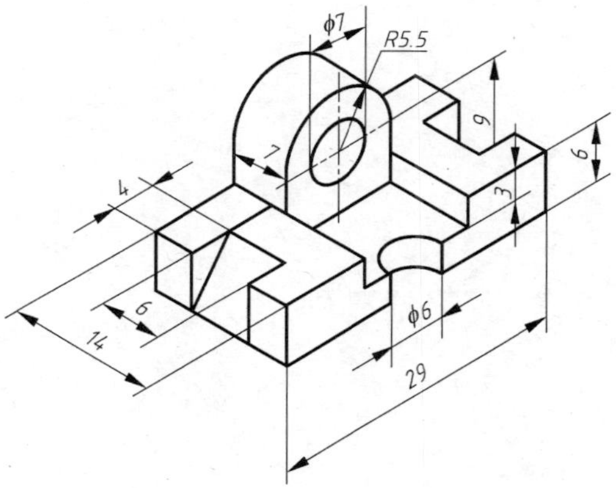

(2)

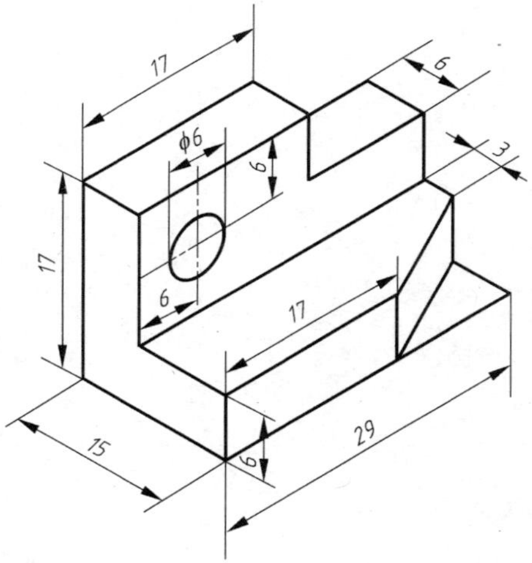

班级　　　　姓名　　　　学号

3-9 标注组合体的尺寸（数值从图中量取并取整）。

(1)

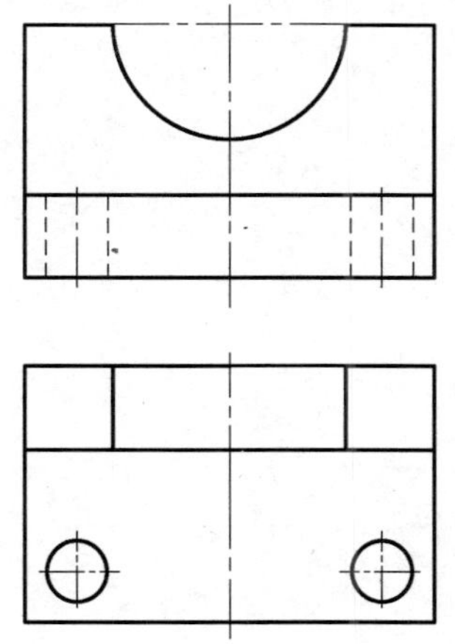

(2)

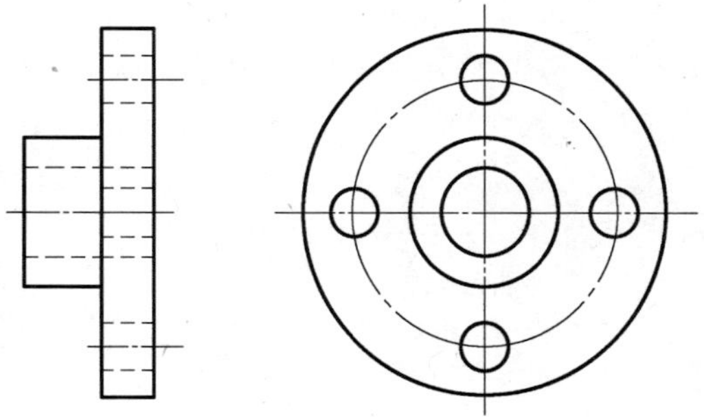

(3)

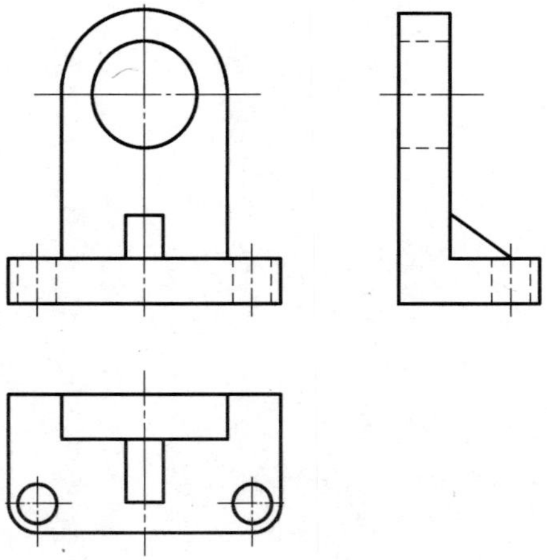

(4)

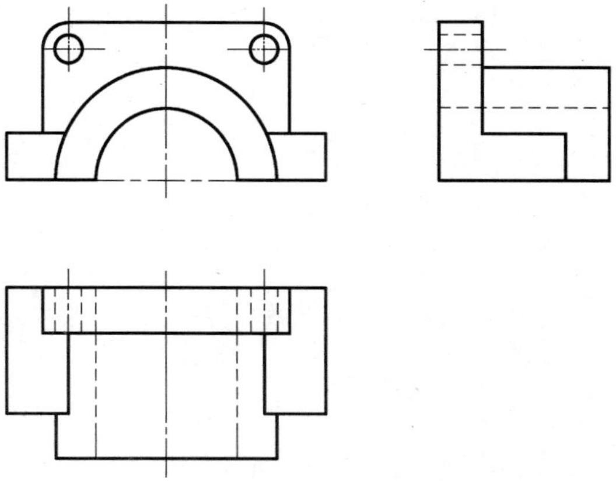

班级　　　　姓名　　　　学号

学习情境4　绘制轴测图

4－1　根据视图画出平面体的正等轴测图（一）。

(1)

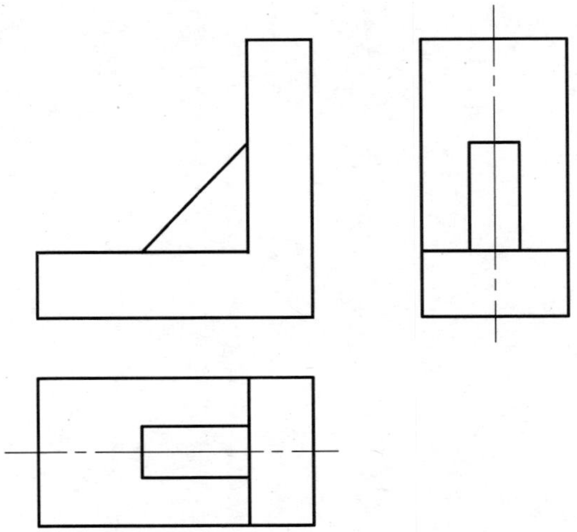

(2)

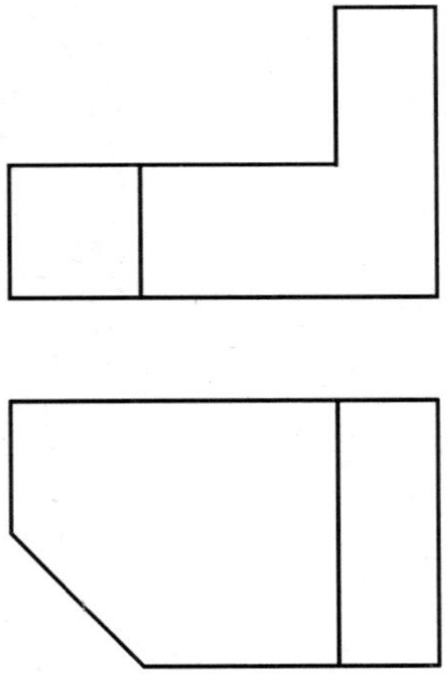

班级　　　　　　　姓名　　　　　　　学号

4－2　根据视图画出平面体的正等轴测图（二）。

(1)

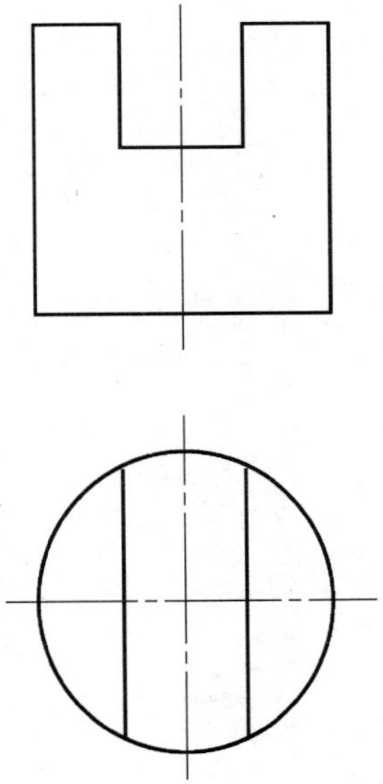

(2)

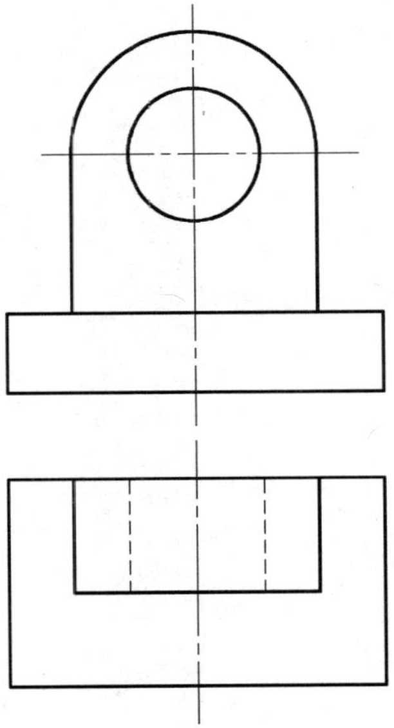

班级　　　　　　姓名　　　　　　学号

4－3　根据视图画出曲面体的正等轴测图。

(1)

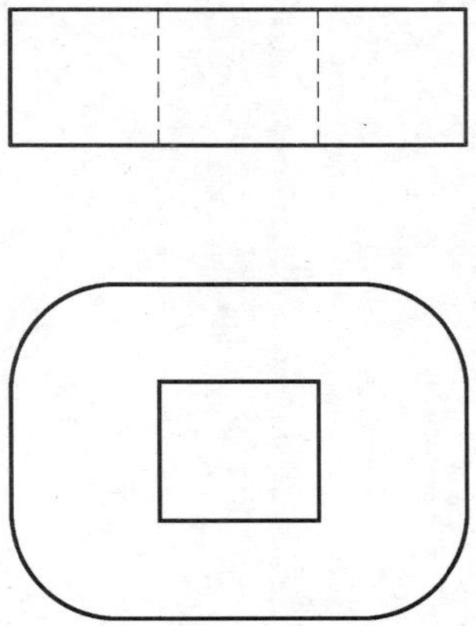

(2)

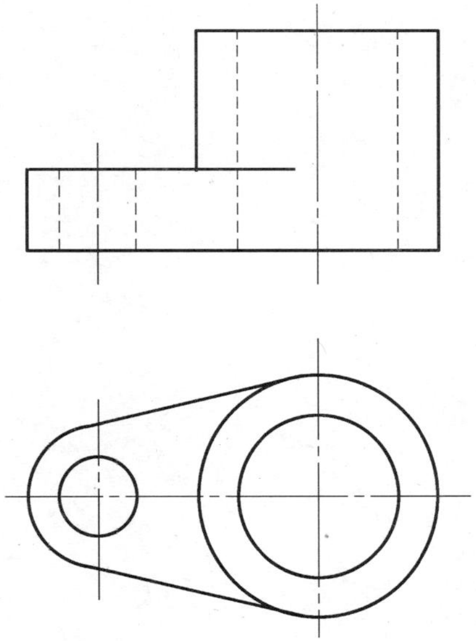

班级　　　　　　姓名　　　　　　学号

学习情境 5　识读零件图

5－1　视图练习（一）。

补全零件的其余三个视图（画出所有虚线）。

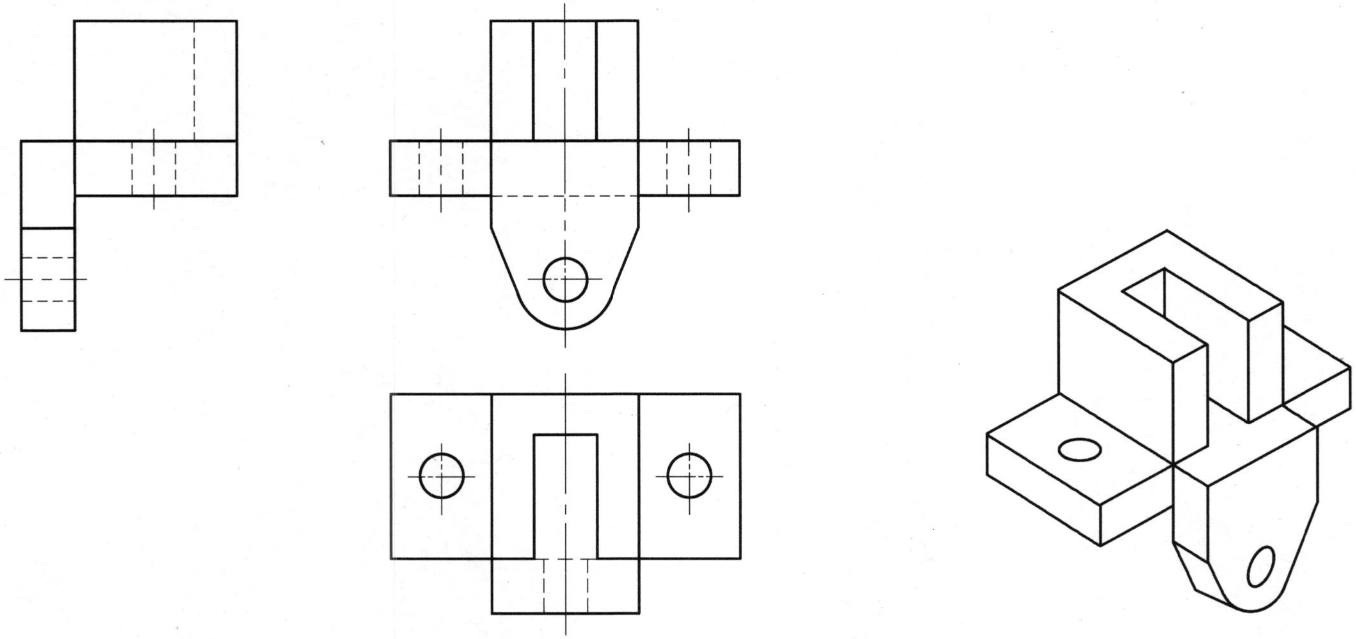

班级　　　　　　姓名　　　　　　学号

5-2 视图练习（二）。

补画A向斜视图。

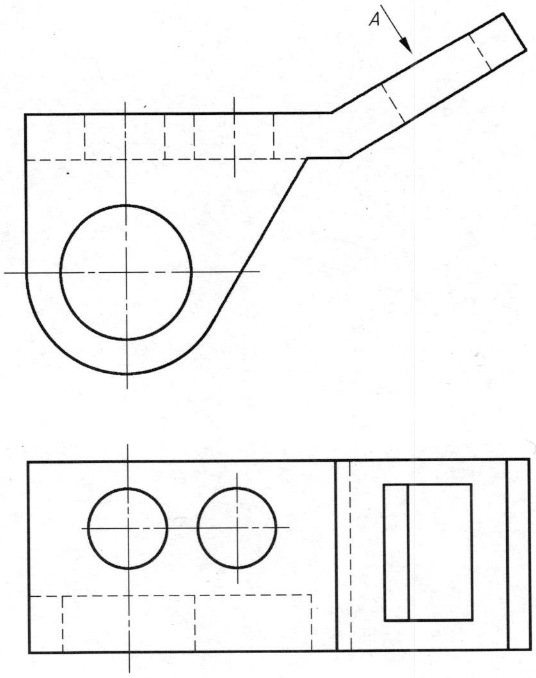

班级　　　　姓名　　　　学号

5－3　视图练习（三）。

在指定位置画出斜视图和局部视图。

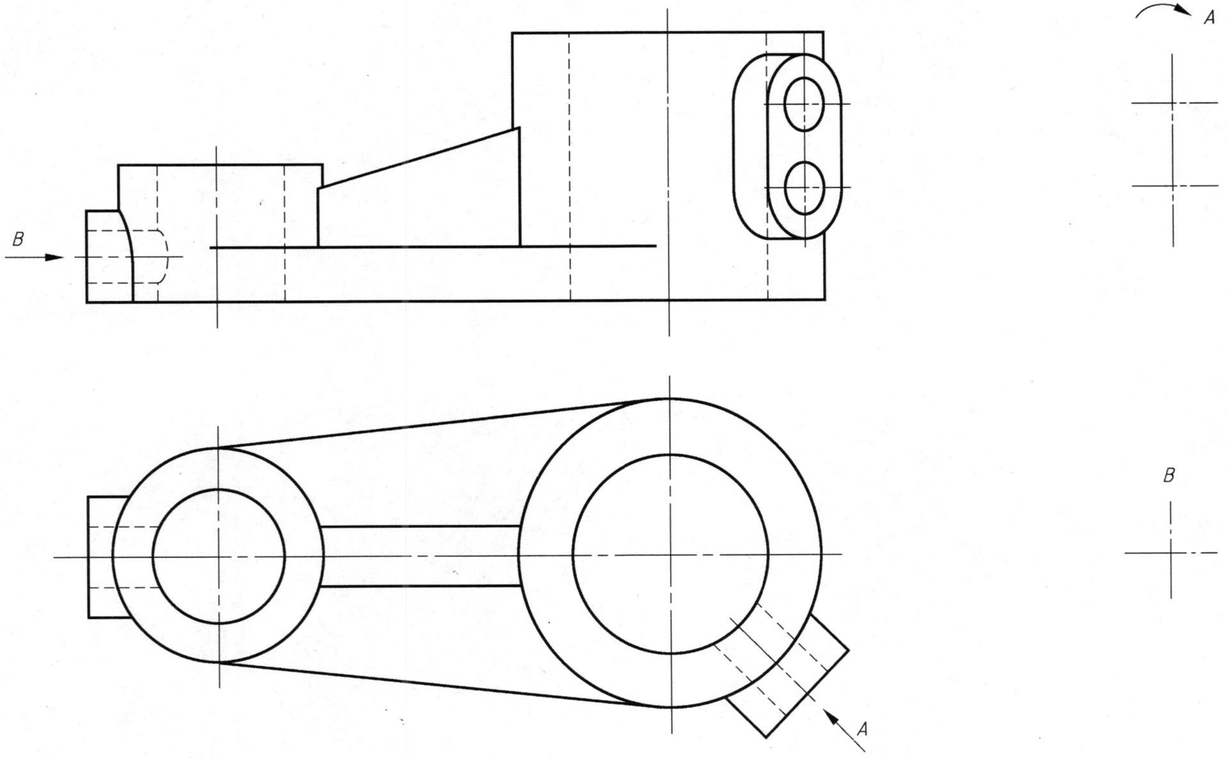

班级　　　　姓名　　　　学号

5－4　全剖视图练习。

(1)将左视图补画成全剖视图。

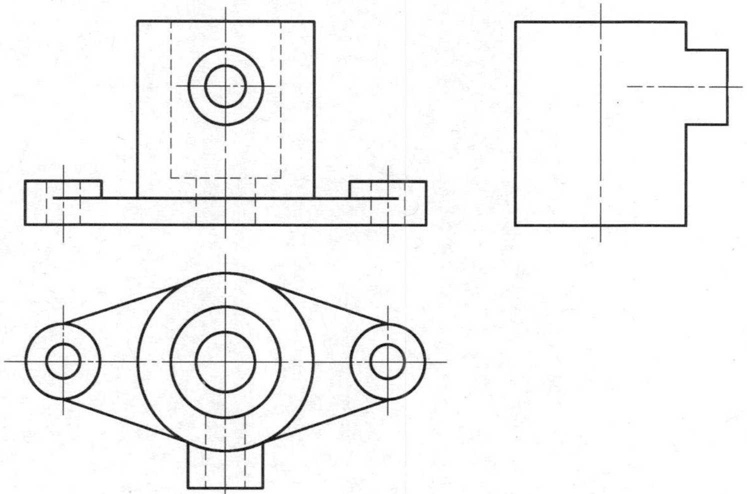

(2)画出全剖的主视图。

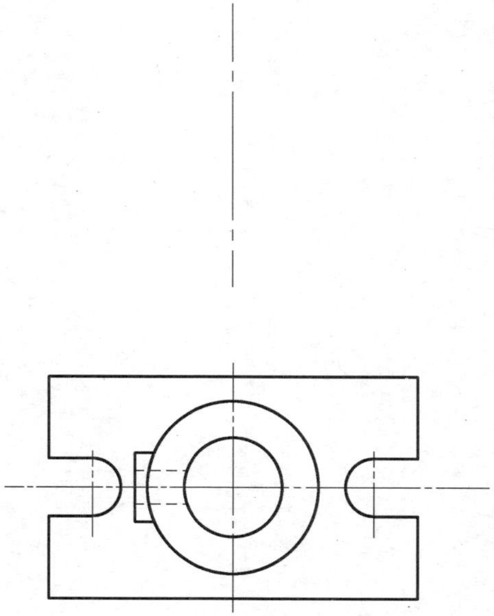

班级　　　　　　姓名　　　　　　学号

5－5 半剖视图练习（一）：选择正确的主视图（对的画√）。

(1)

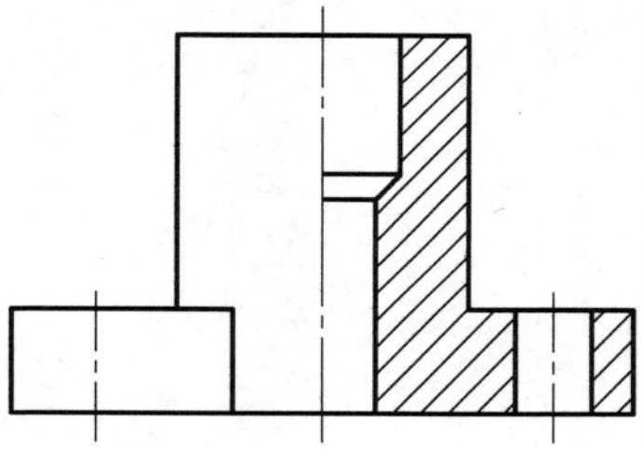

( )

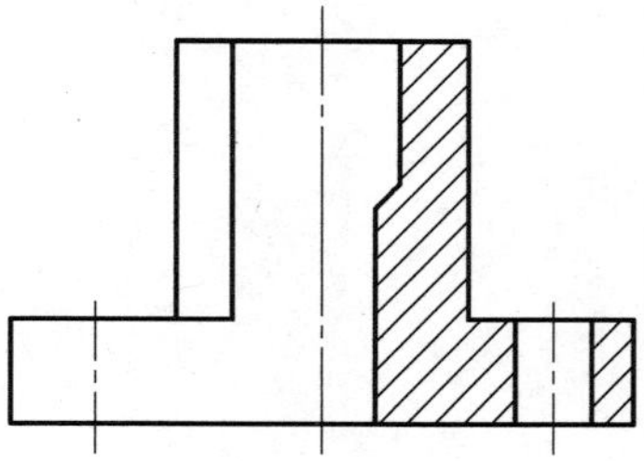

( )

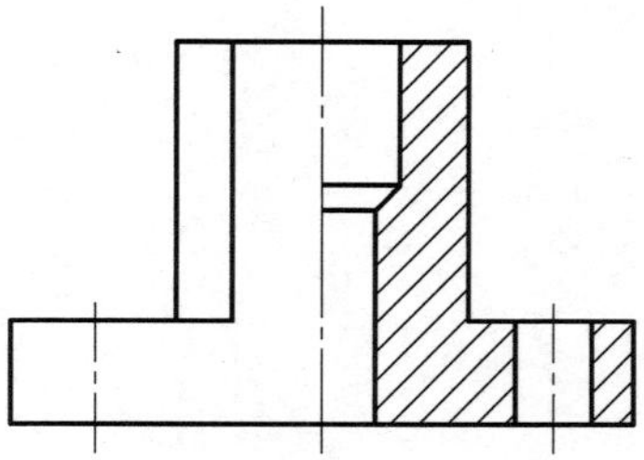

( )

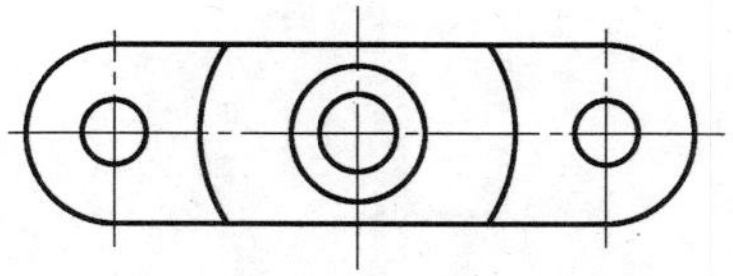

(2)

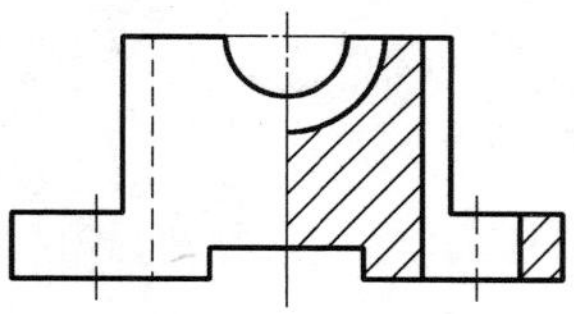

( )

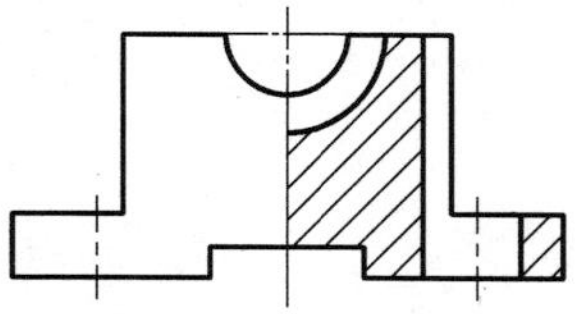

( )

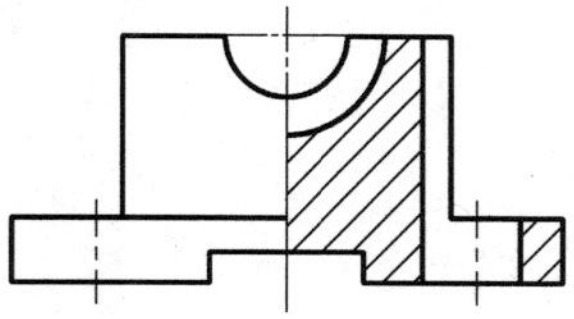

( )

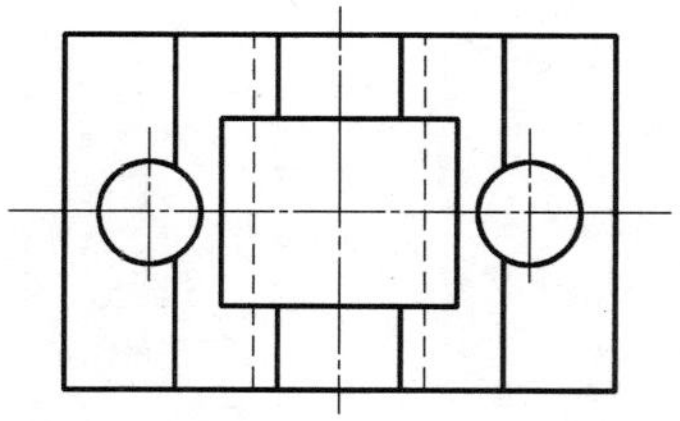

班级　　　　姓名　　　　学号

5-6 半剖视图练习（二）：在指定的位置将主视图画成半剖视图。

(1)

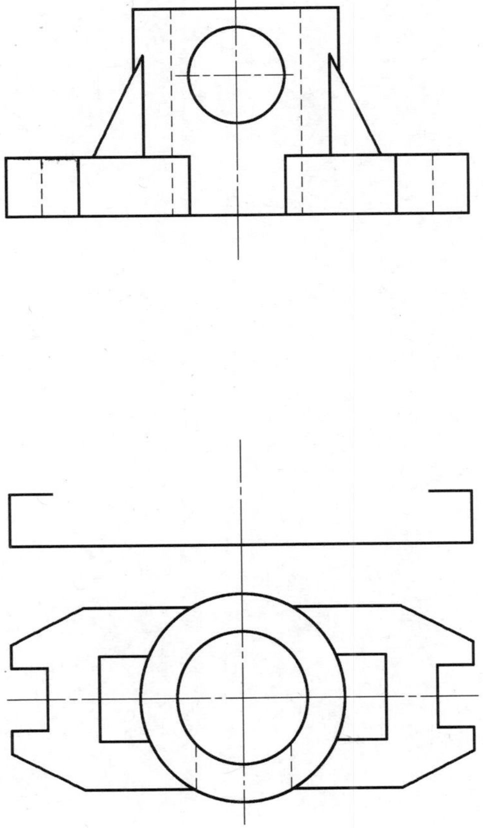

(2)

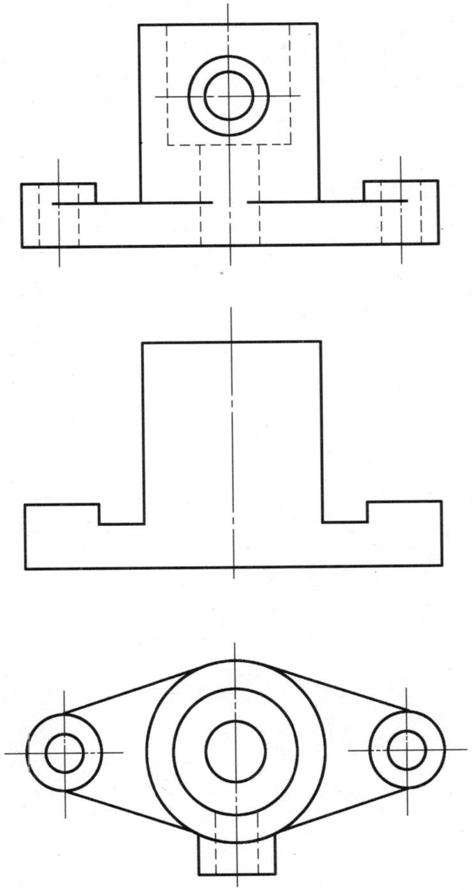

班级　　　　　　　　姓名　　　　　　　　学号

5-7　半剖视图练习（三）：在指定的位置将主视图画成半剖视图。

(1)

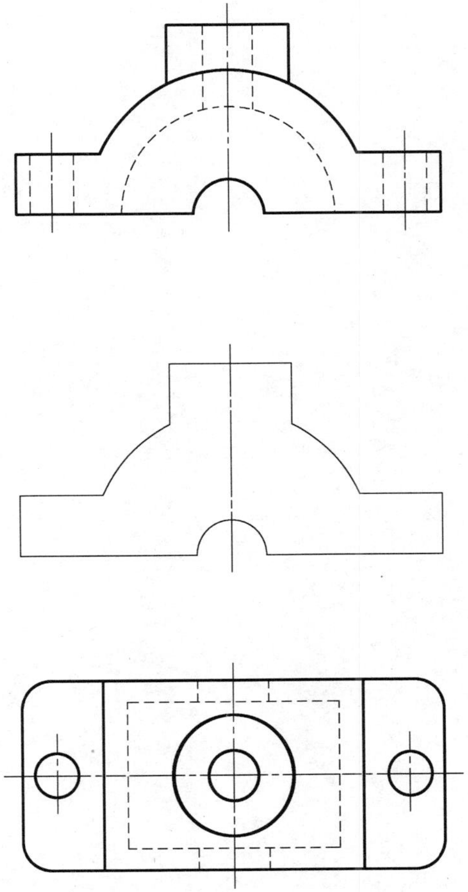

(2)

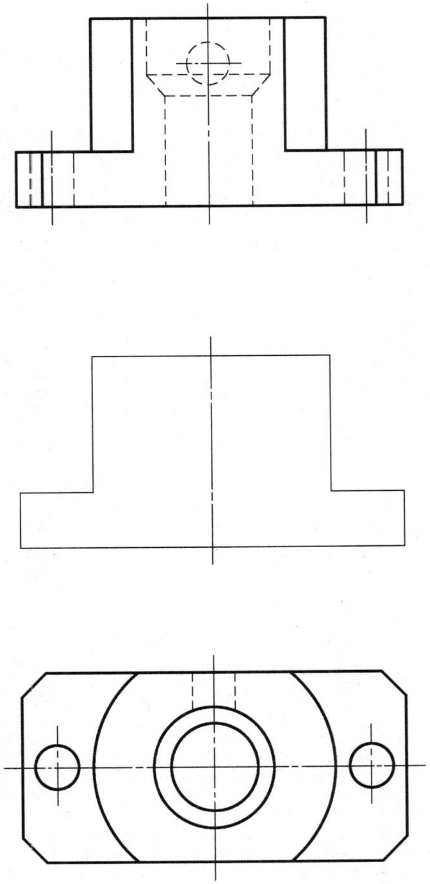

班级　　　　　　姓名　　　　　　学号

5－8　局部剖视图练习：将主、俯视图改画成局部剖视图。

(1)

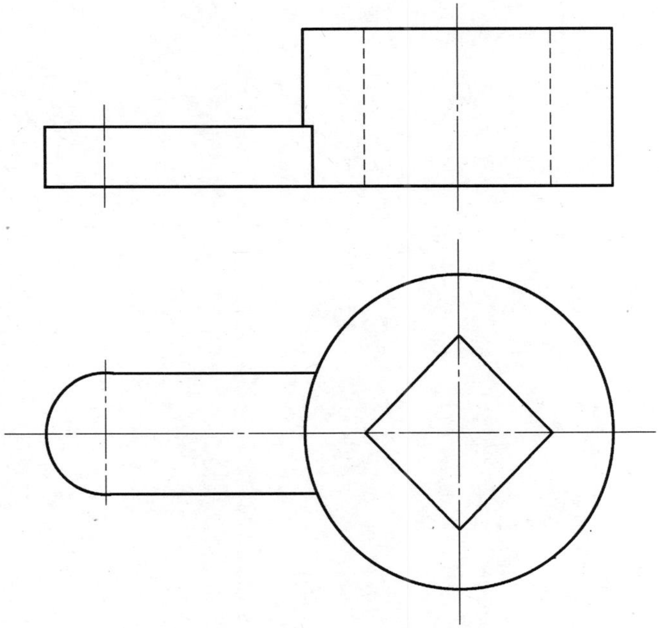

(2)

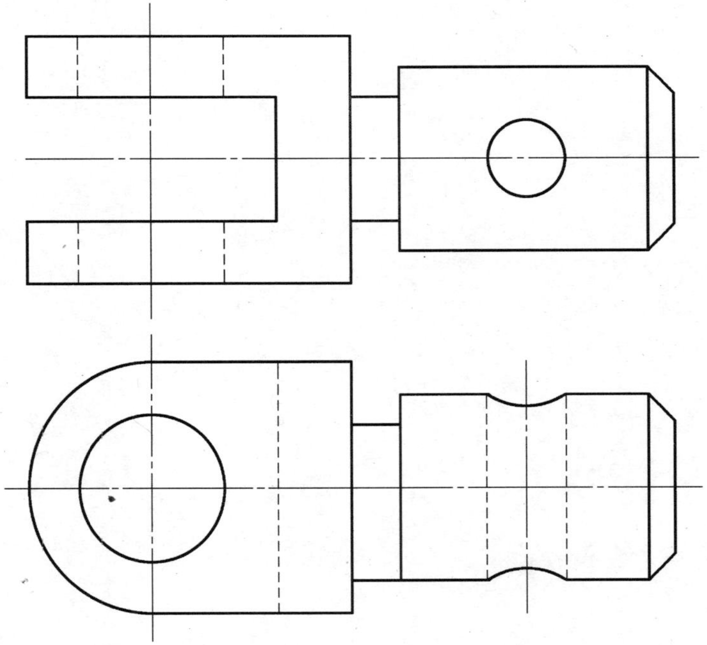

班级　　　　　　姓名　　　　　　学号

5－9　旋转剖视图练习：用几个相交剖切面剖开机件，将主视图画成全剖视图。

(1)

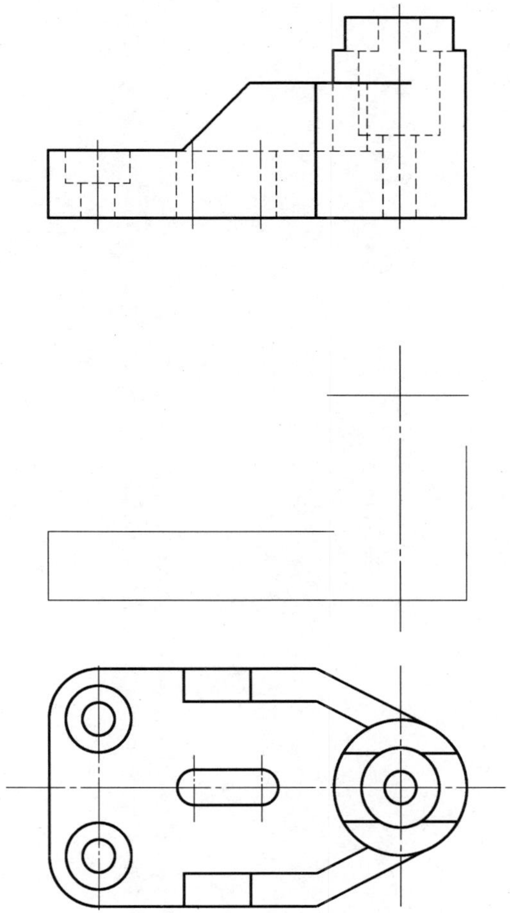

(2)

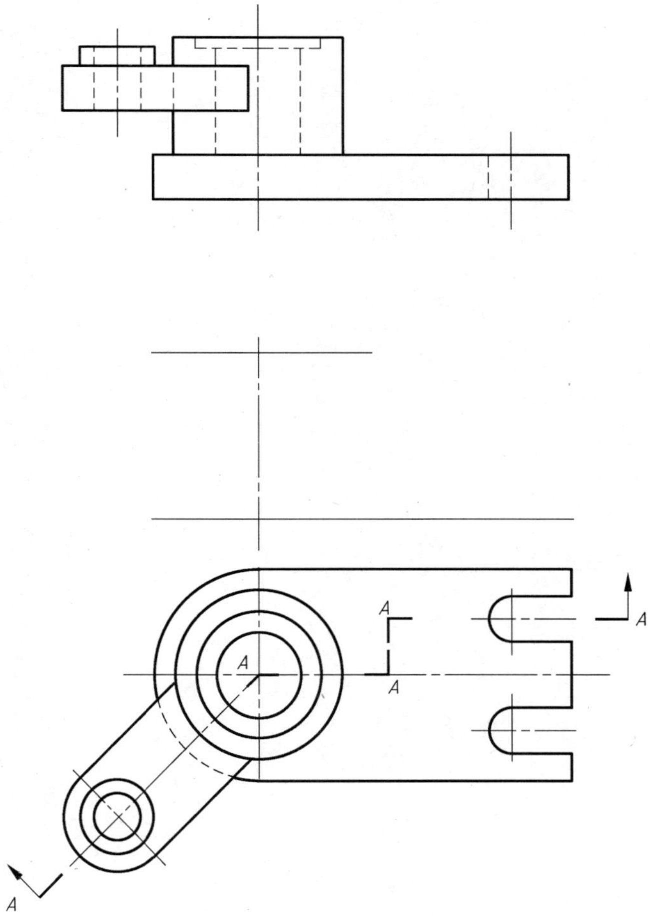

班级　　　　　　姓名　　　　　　学号

5-10 断面图练习。

(1)画出轴的四个移出断面图（键槽深3.5mm）。

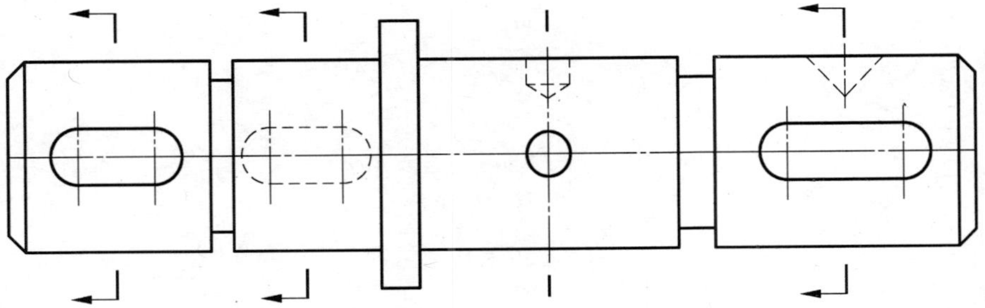

(2)在指定的位置画出移出断面图。

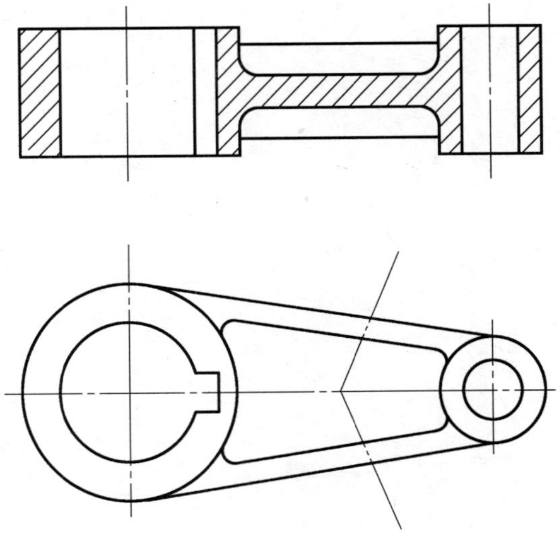

班级　　　　姓名　　　　学号

5－11　表面粗糙度练习。

(1)分析图中表面粗糙度标注的错误,并在下图中作出正确标注。

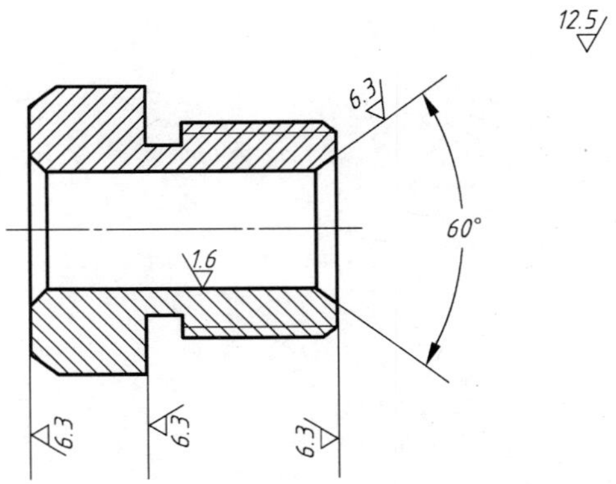

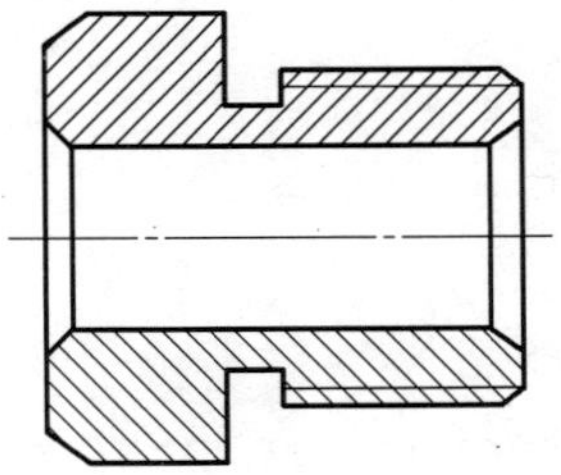

(2)根据表中给定的表面粗糙度值,将对应的代号标注在视图上。

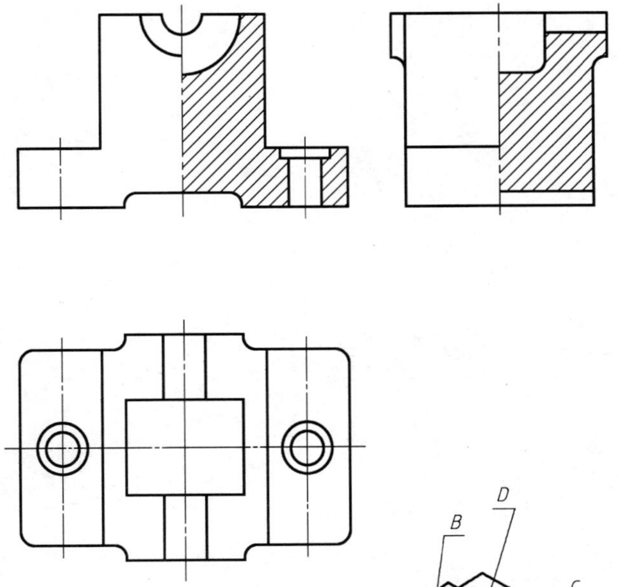

表面	粗糙度代号
E,F,G	12.5
D	3.2
C	1.6
A,B	6.3
其余	∅

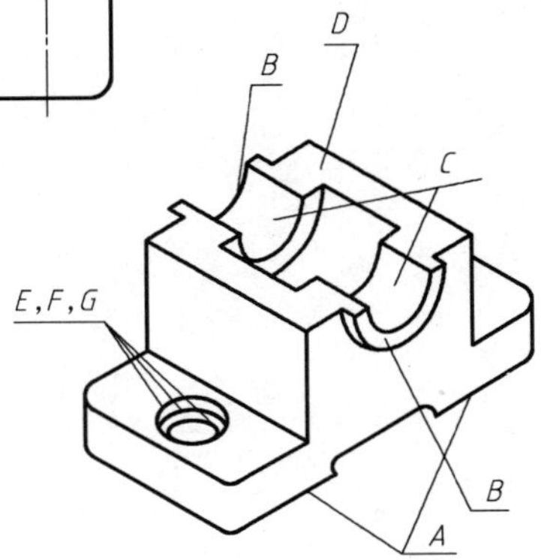

班级　　　　姓名　　　　学号

5-12　极限与配合练习。

(1)根据装配图中的配合代号，在零件图中标出基本尺寸及极限偏差数值。

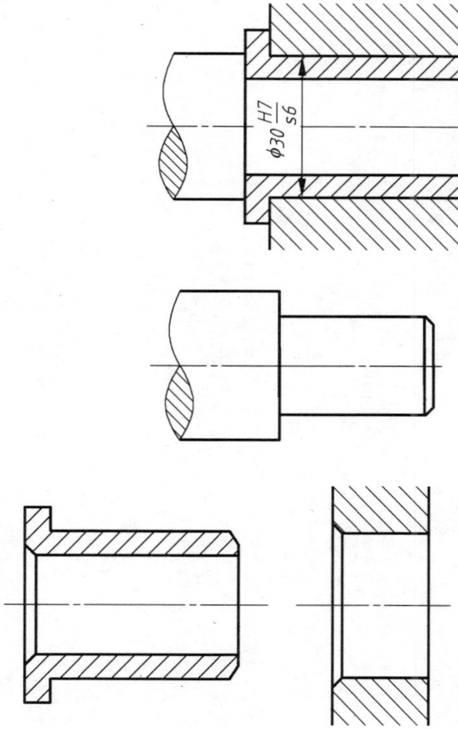

(2)标注轴和孔的基本尺寸及上、下偏差值，并填空。

1)滚动轴承与座孔的配合为______制，座孔的基本偏差代号为______，公差等级为______级。

2)滚动轴承与轴的配合为______制，轴的基本偏差代号为______，公差等级为______级。

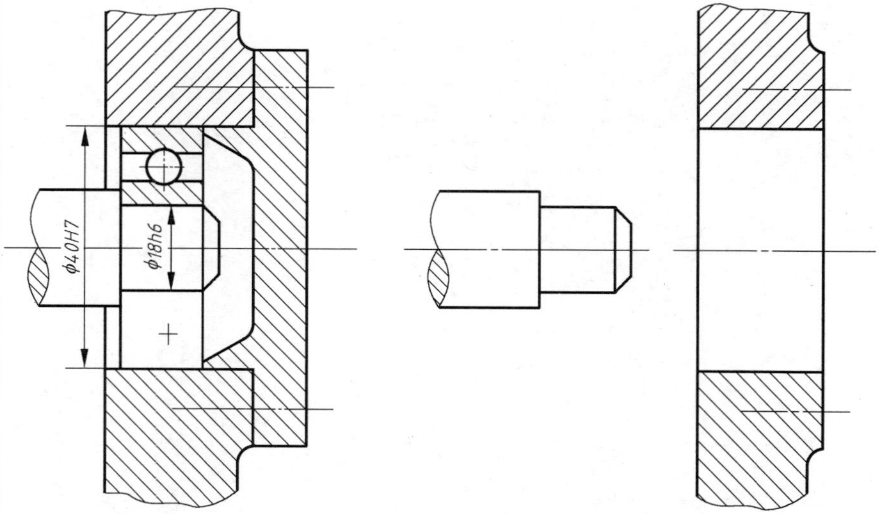

班级　　　　姓名　　　　学号

5－13 形状公差和位置公差练习。

(1)用文字解释图中的形状公差和位置公差。

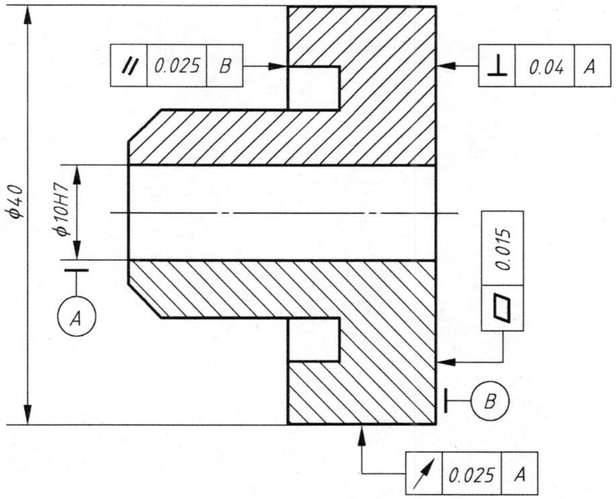

⊥	0.04	A

▱	0.015

//	0.025	B

↗	0.025	A

(2)将下面用文字说明的形状公差改用框格标注在图中。

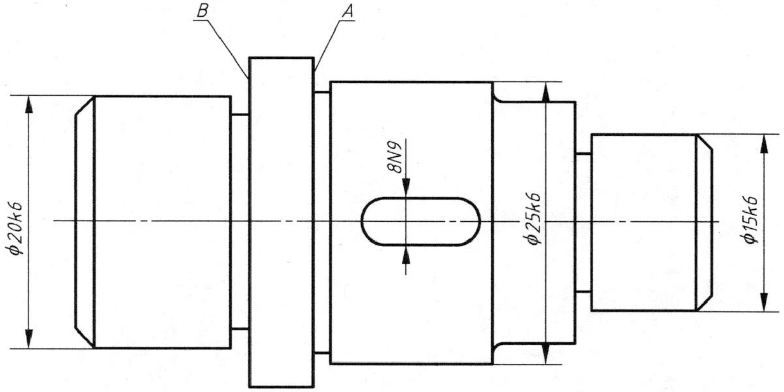

1) φ25k6对φ20k6和φ15k6的同轴度公差值为φ0.025。
2) *A*面对φ25k6轴线垂直度公差值为0.05。
3) *B*面对φ20k6轴线的端面圆跳动公差值为0.05。
4) 键槽对φ25k6轴线的对称度公差值为0.01。

班级　　　　姓名　　　　学号

5－14　读懂主轴零件图，并完成 5－17 中的练习题（1）。

其余 12.5

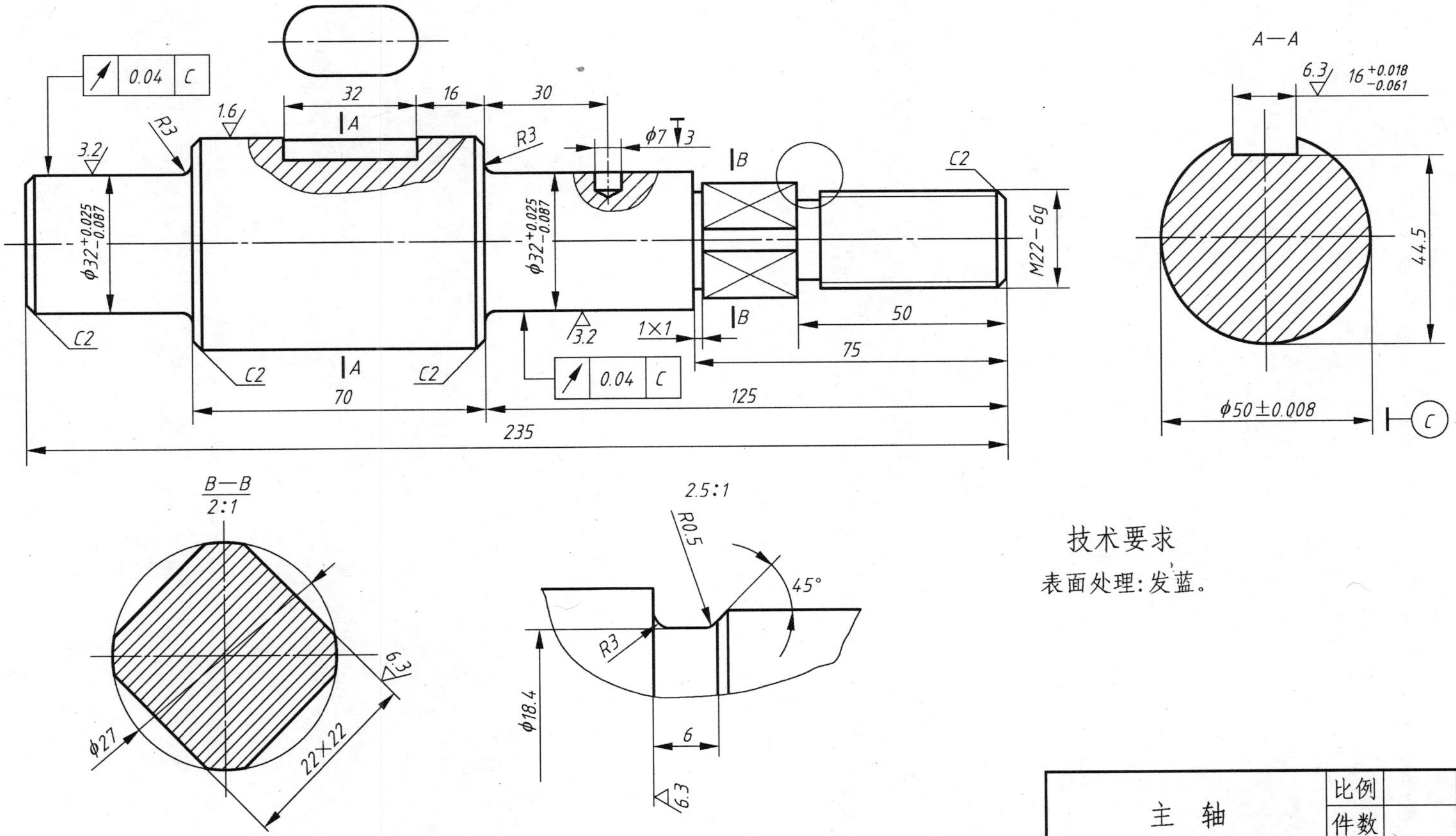

技术要求

表面处理：发蓝。

主　轴		比例		
		件数		
制图		质量		材料
描图				
审核				

班级　　　　姓名　　　　学号

5－15　读懂轴承盖零件图，并完成5－17中的练习题（2）。

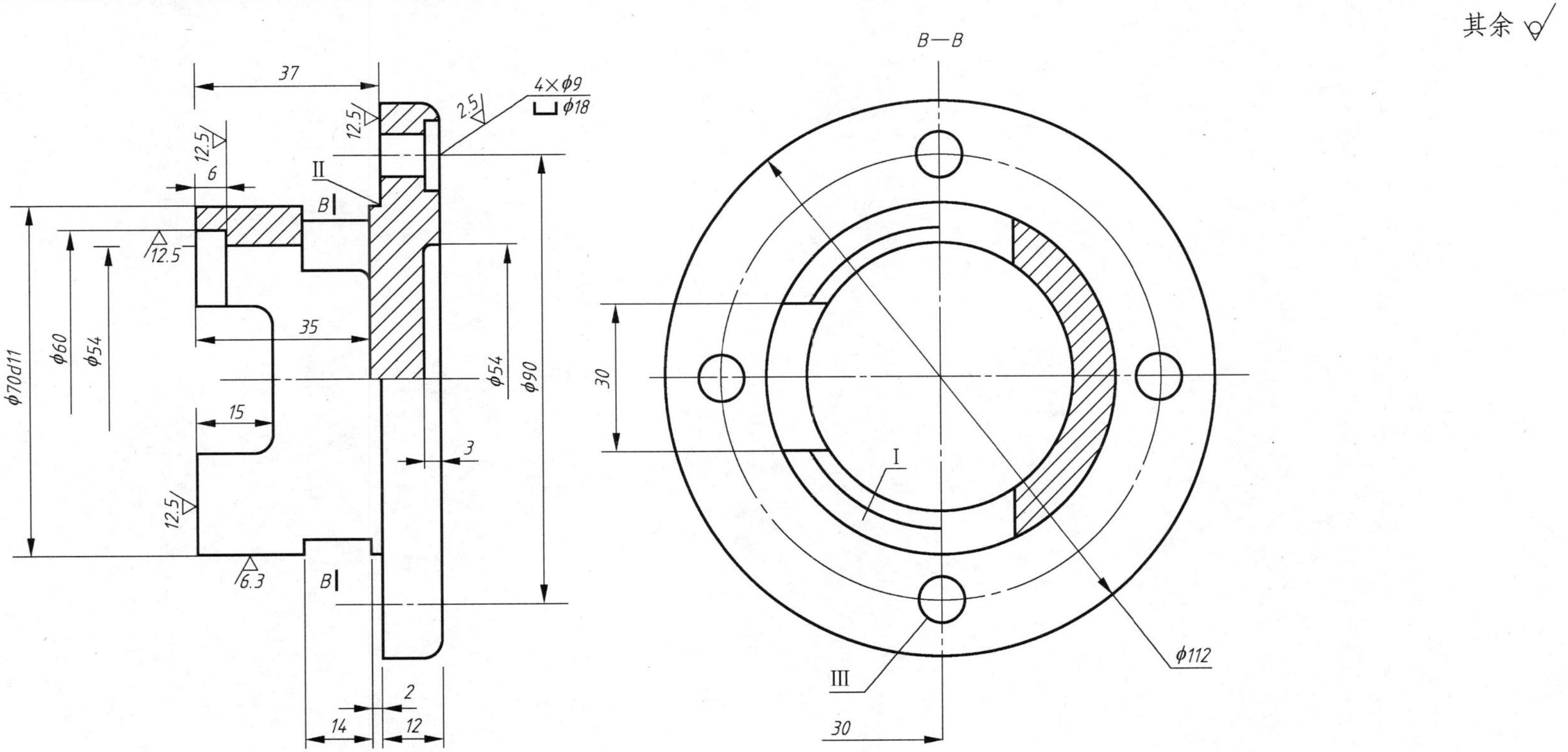

技术要求

1. 未注圆角R3；
2. 铸件不得有气孔、砂眼、缩孔等缺陷。

轴承盖		比例	数量	材料	（图号）
		1:1	1	HT150	
设计			院　专业　班		
审核					

班级　　　　姓名　　　　学号

5-16 读懂拨叉零件图，并完成 5-17 中的练习题（3）。

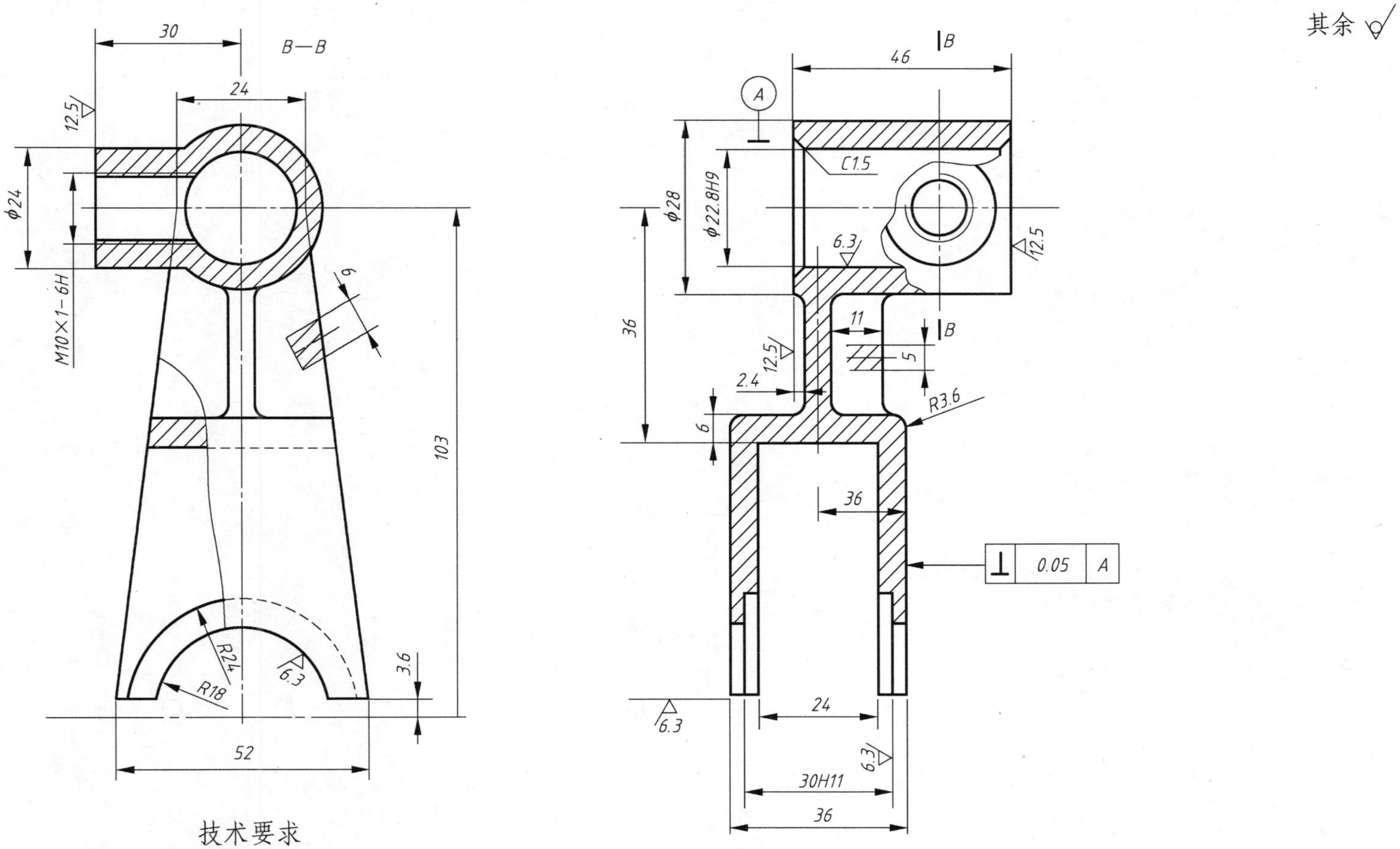

技术要求

1. 未注圆角R3～5；
2. 铸件不得有气孔、砂眼、缩孔等缺陷；
3. 铸件应退火处理。

拨　叉		材料	HT200	比例	
		数量		图号	
制图			（学　校）		
审核					

班级　　　　姓名　　　　学号

5－17　附加练习题。

(1) 主轴。

1) 该零件图采用的表达方法有 ________________________ 。

2) 靠右侧的两处斜交细实线是 ________ 符号。

3) 键槽的定位尺寸是 ________ ，长度为 ________ ，宽度为 ________ ，深度为 ________ 。

4) 说明尺寸C2中C表示 ________ ，2表示 ________ ，22×22中22表示 ________ 。

5) M22－6g中，M22表示 ________ ，6g表示 ________ 。

6) [↗ | 0.04 | C] 表示 ________ 圆柱面对 ________ 轴线的公差为 ________ 。

(2) 轴承盖。

1) 零件的名称是 ________ ，材料为 ________ 。该零件用 ________ 个视图表达，分别为 ________ 和 ________ 。

2) 主视图反映了零件图的 ________ 位置和形状特征，主视图采用 ________ 剖视，另一视图采用 ________ 剖视，主要为了表达 ______________ 。

3) 在图上用符号▼标出三个方向的主要尺寸基准。

4) 图中表面Ⅰ的粗糙度代号是 ________ ，表面Ⅱ的粗糙度代号是 ________ ，表面Ⅲ的粗糙度代号是 ________ ，其中 ________ 表面的表面粗糙度要求最高。

(3) 拨叉。

1) 30H11表示基本尺寸是 ______ ，公差带代号是 ______ ，公差等级是 ______ ，偏差代号是 ______ ，下偏差是 ______ 。

2) M10×1－6H是 ________ 螺纹，螺距是 ________ mm，6H是 ________ 的公差带代号。

班级　　　　姓名　　　　学号

5－18　读懂端盖零件图，补画右视图。

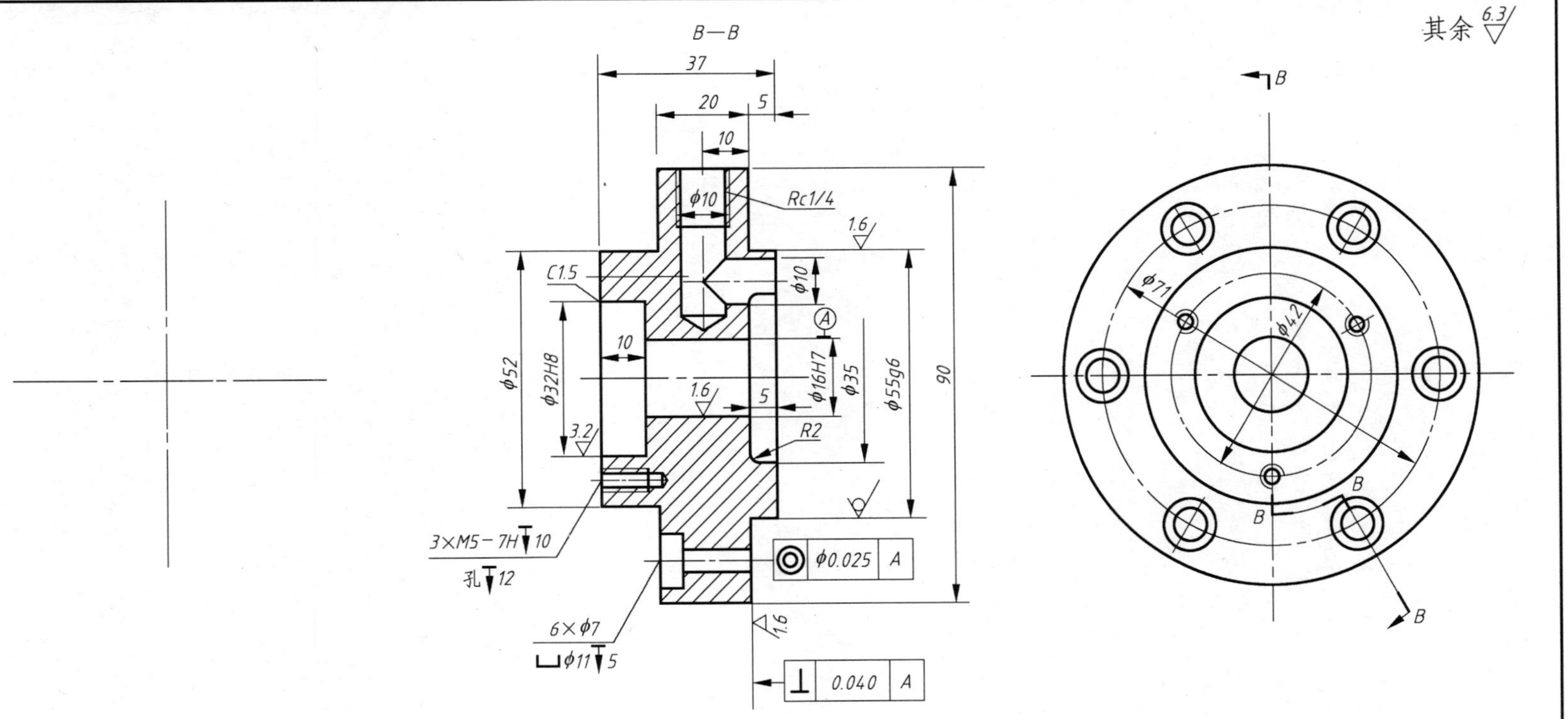

技术要求

1. 铸件不得有气孔、砂眼、缩孔等缺陷;
2. 锐边倒角C1。

端　盖		比例	数量	材料	(图号)
				HT150	
制图			(学　校)		
审核					

班级　　　　姓名　　　　学号

学习情境6 识读装配图

6－1 分析螺纹和螺纹联接画法的错误，并在指定的位置画出正确的图形。

(1)

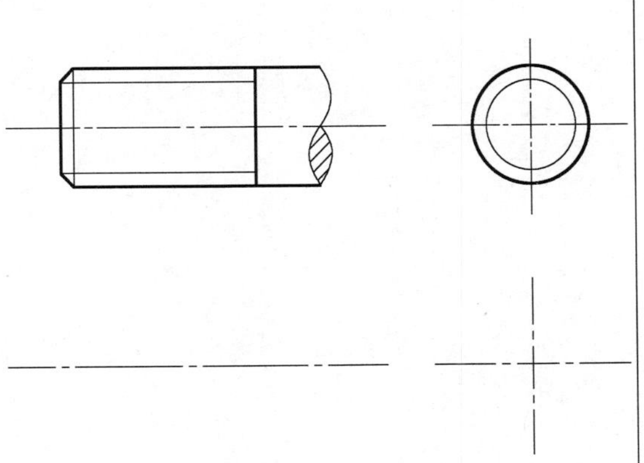

(2)

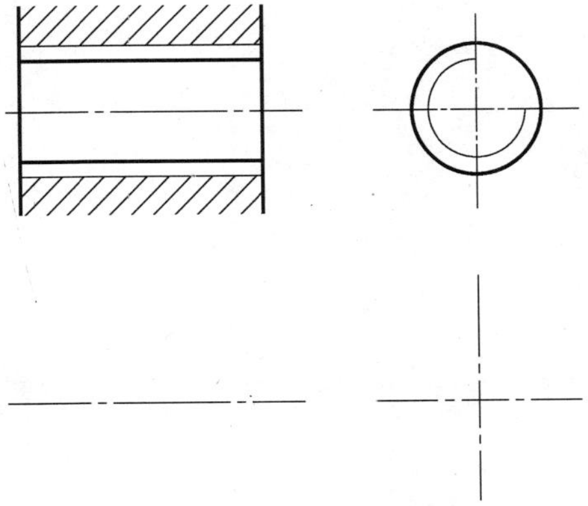

(3)

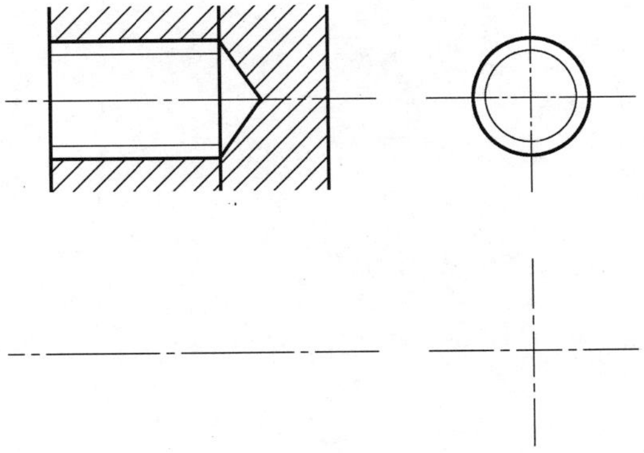

(4)

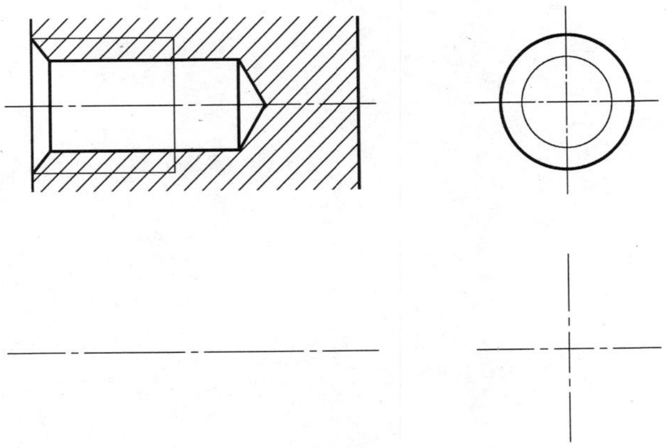

(5)

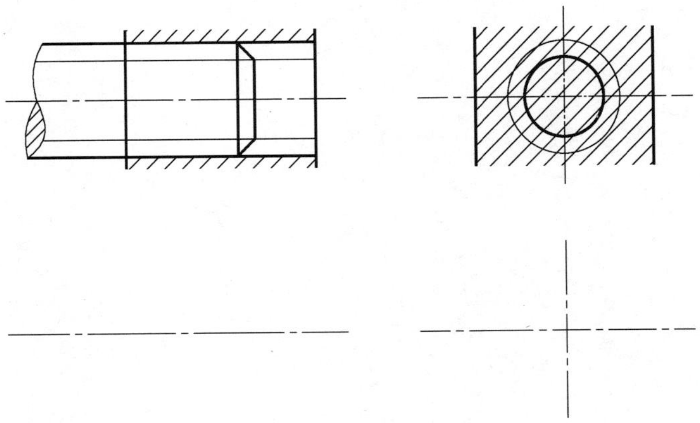

班级　　　　姓名　　　　学号

6-2 根据给定的螺纹要素，标注螺纹的规定标记。

(1)梯形螺纹：d=20，P_h=14，双线，左旋，中径公差带代号为8e，旋合长度代号为L。

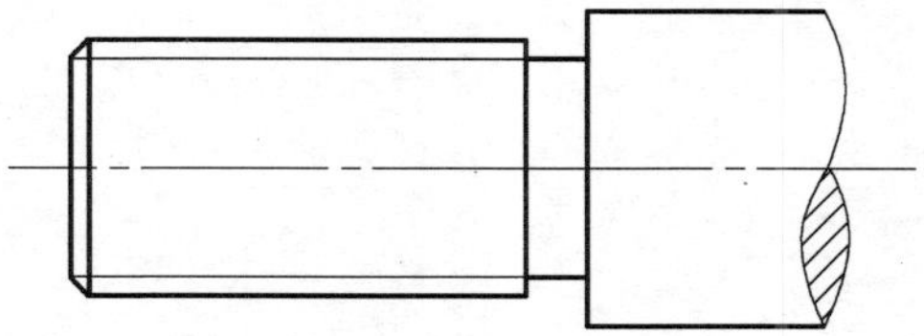

(2)55°非密封管螺纹：尺寸代号3/4，右旋，外螺纹中径公差等级A。

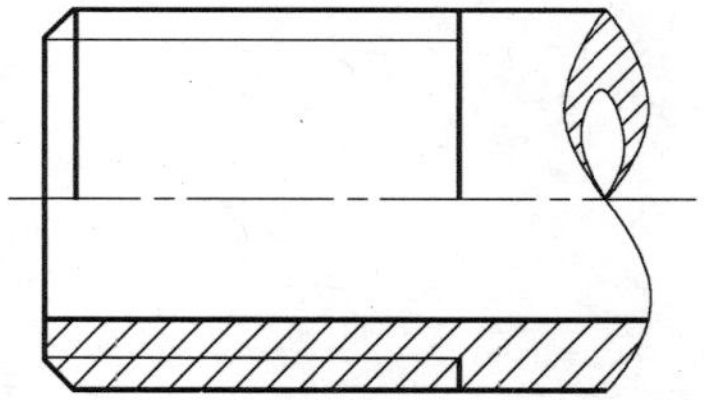

(3)普通螺纹：d=20，右旋，中径公差带代号为5g，顶径公差带代号为6g，旋合长度代号为S。

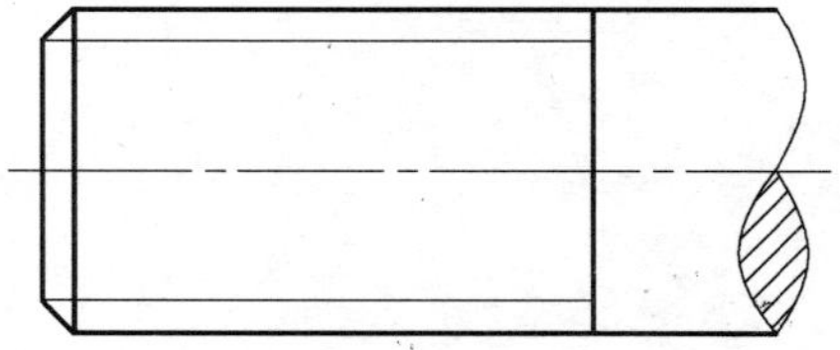

(4)普通螺纹：d=24，P=1.5，右旋，中径、顶径公差带代号为6H，中等旋合长度。

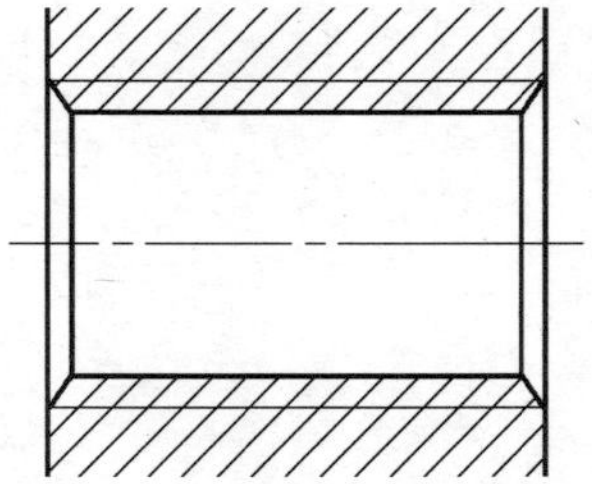

(5)55°密封管螺纹：尺寸代号1/2，右旋。

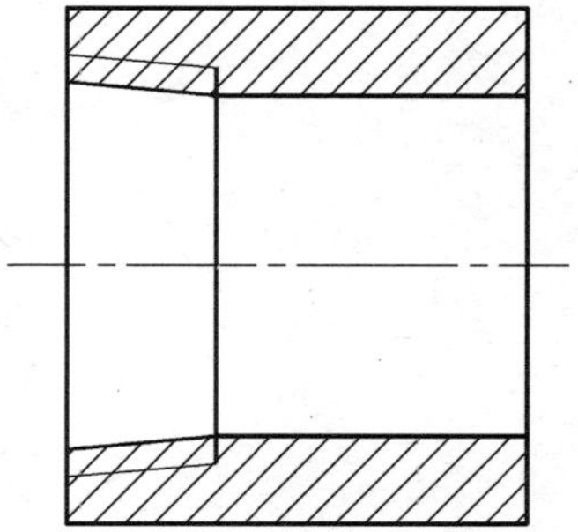

(6)锯齿形螺纹：D=38，P=5，左旋，中径公差带代号为7H，单线，中等旋合长度。

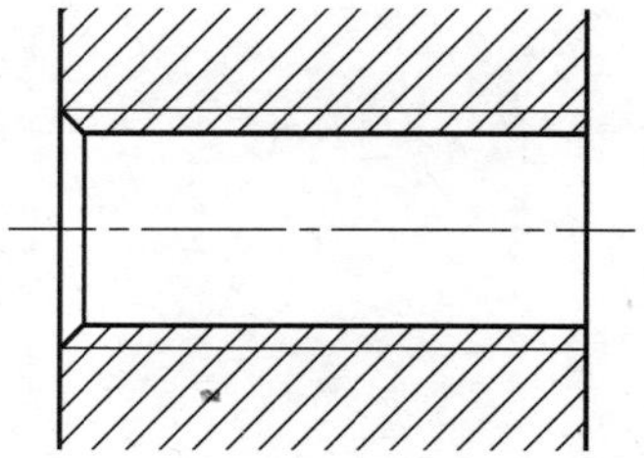

班级　　　　姓名　　　　学号

6－3 分析螺纹联接和螺柱联接图中的错误，并在指定位置画出正确的图形。

(1)

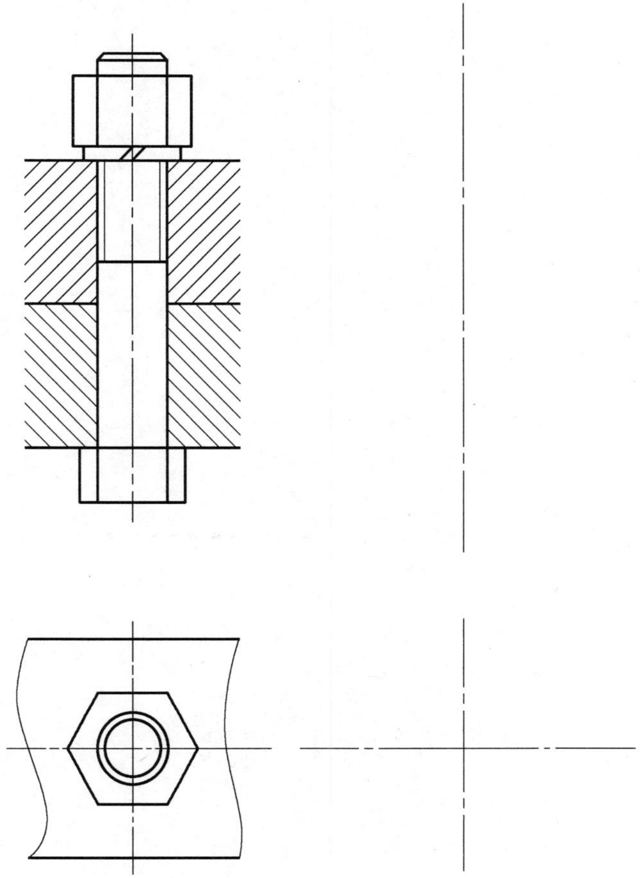

(2)

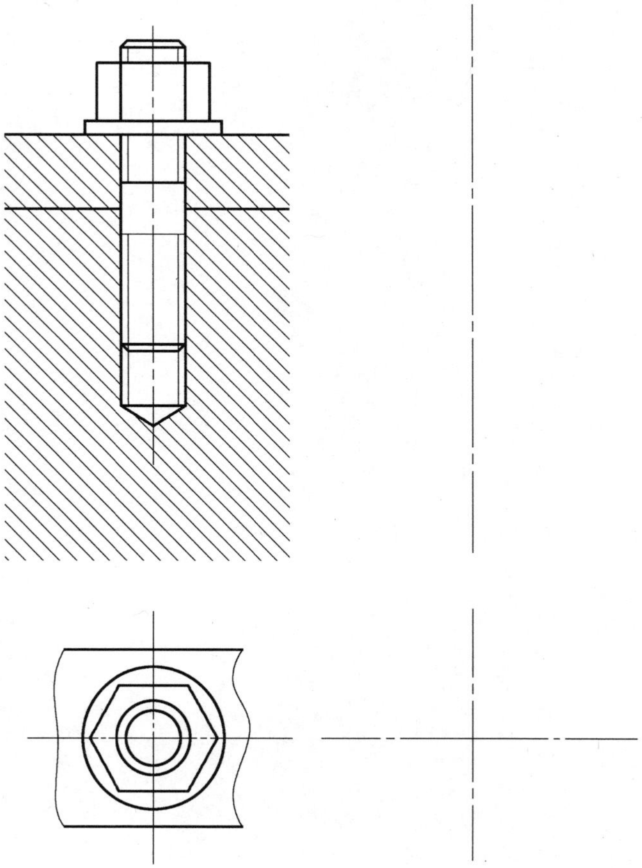

班级　　　　　姓名　　　　　学号

6-4 齿轮画法练习。

已知直齿圆柱齿轮$m=5$，$z=40$，计算齿轮的分度圆、齿顶圆和齿根圆的直径。按比例1:2完成下列两视图，并标注尺寸（倒角$C2$）。

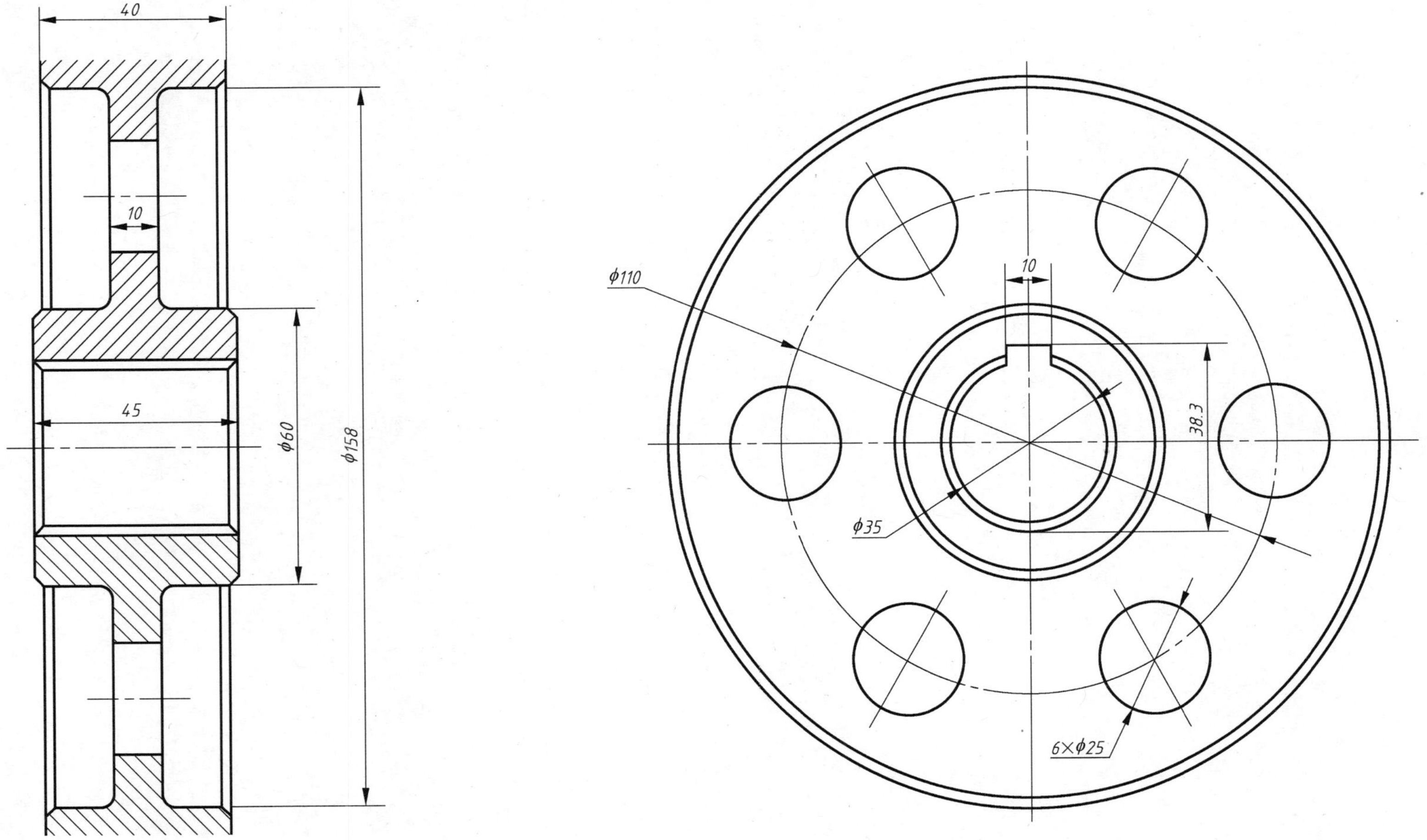

班级　　　　姓名　　　　学号

6－5　绘制齿轮啮合图。

已知直齿圆柱大齿轮$m=5$，$z=38$，两齿轮的中心距$a=110\text{mm}$，计算大、小两齿轮的分度圆、齿顶圆和齿根圆的直径，并完成直齿圆柱齿轮的啮合图。

计算：

(1) 小齿轮：

分度圆$d_1=$ ________；

齿顶圆$d_{a1}=$ ________；

齿根圆$d_{f1}=$ ________。

(2) 大齿轮：

分度圆$d_1=$ ________；

齿顶圆$d_{a1}=$ ________；

齿根圆$d_{f1}=$ ________。

(3) 传动比 $i=$ ________。

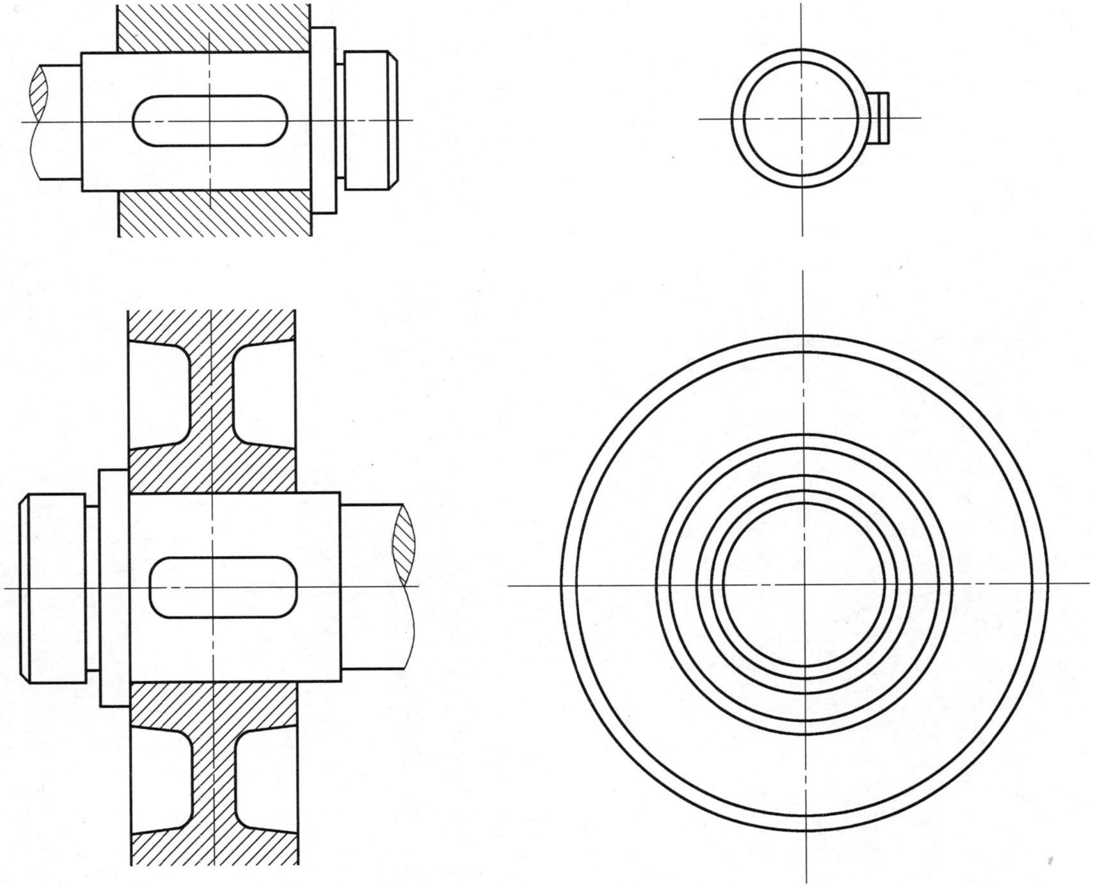

班级　　　　　　　　姓名　　　　　　　　学号

6-6 识读钻模装配图，并回答问题。

工作原理：钻模是用于加工工件的夹具。使用时，把工件放在底座1上，然后装上钻模板2，钻模板通过圆柱销8定位后，再放置开口垫圈5，并用特制螺母6压紧。钻头通过钻套3的内孔，准确地在工件上钻孔。

(1) 在主、左视图中有用双点划线画的图形，这属于_______画法，画的是_______。

(2) 图中①所指的是_______的投影，其作用是_______。

(3) 工件上共钻____个孔，孔的直径是_______。

(4) 零件3与零件7的作用是_______。

(5) 图中$\phi 86$、73分别是_______尺寸。

(6) 零件4与零件7属于_______配合。

(7) 在右侧指定位置画出零件2的俯视图（尺寸从装配图中量取）。

(8) 零件5的正确视图的代号（见右图）是_______。

(9) 要取下被加工工件，请按拆卸的顺序依次写出零件序号。

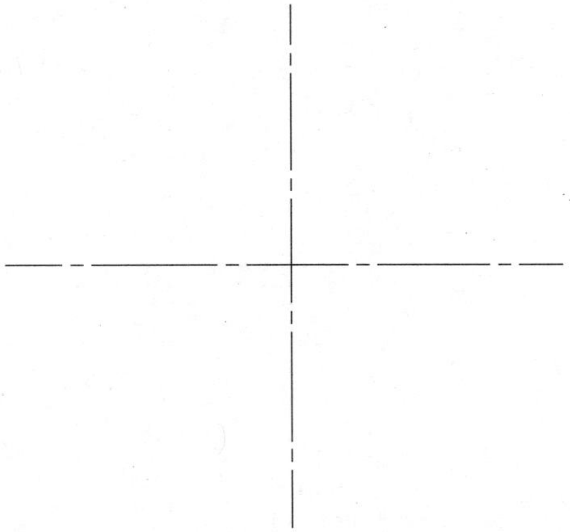

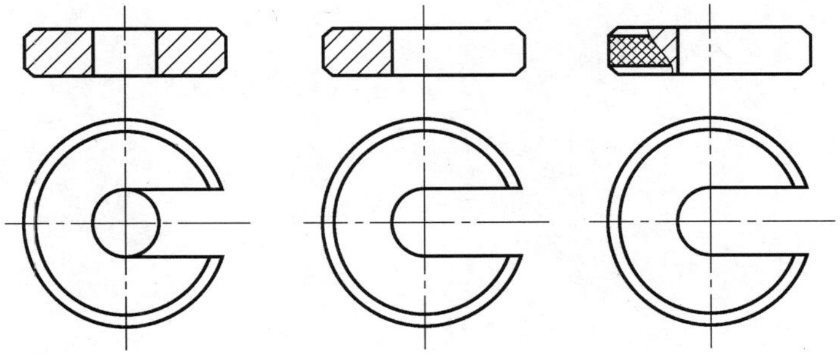

(a)　　(b)　　(c)

班级　　姓名　　学号

6-6　识读钻模装配图，并回答问题。（续）

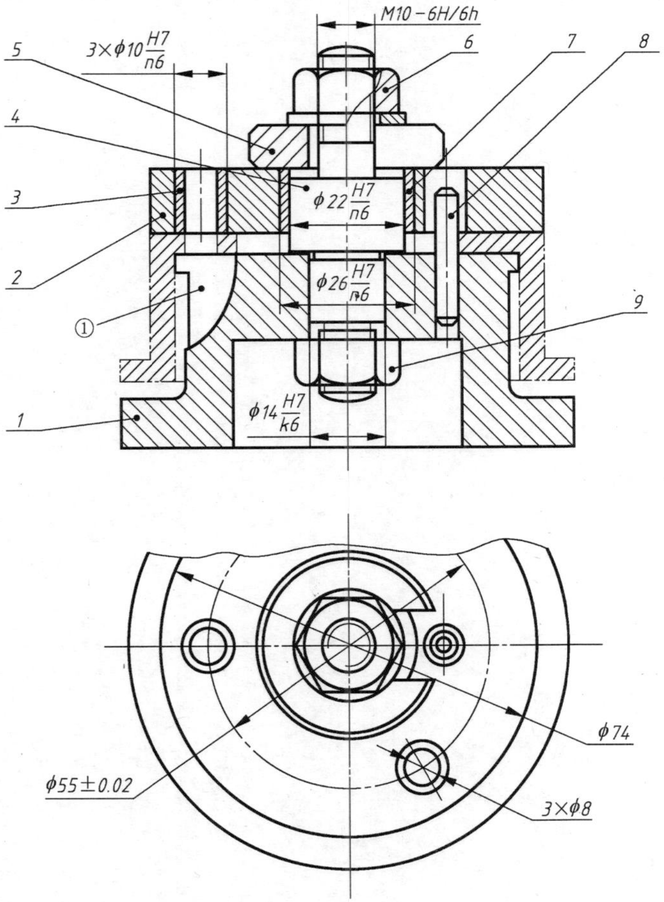

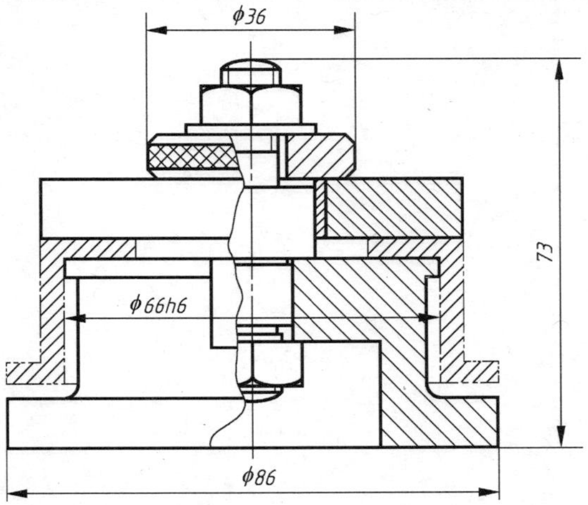

9	六角螺母	1		GB/T6170—2000
8	销 A5×26	1		GB/T119.1—2000
7	衬　套	1	45	
6	特制螺母	1	35	
5	开口垫圈	1	45	
4	轴	1	45	
3	钻　套	3	T8	
2	钻模板	1	45	
1	底　座	1	HT150	
序号	名　称	数量	材　料	备　注

钻　模		比例		共　张	（图号）
		质量		第　张	
班级	（班级）	（学号）	（学　校）		
制图	（姓名）	（日期）			
审核					

班级　　　　姓名　　　　学号

学习情境7 识读并绘制冶金生产工艺流程图

7-1 识读水口炼铅法生产工艺流程图，简单口述其生产工艺过程。

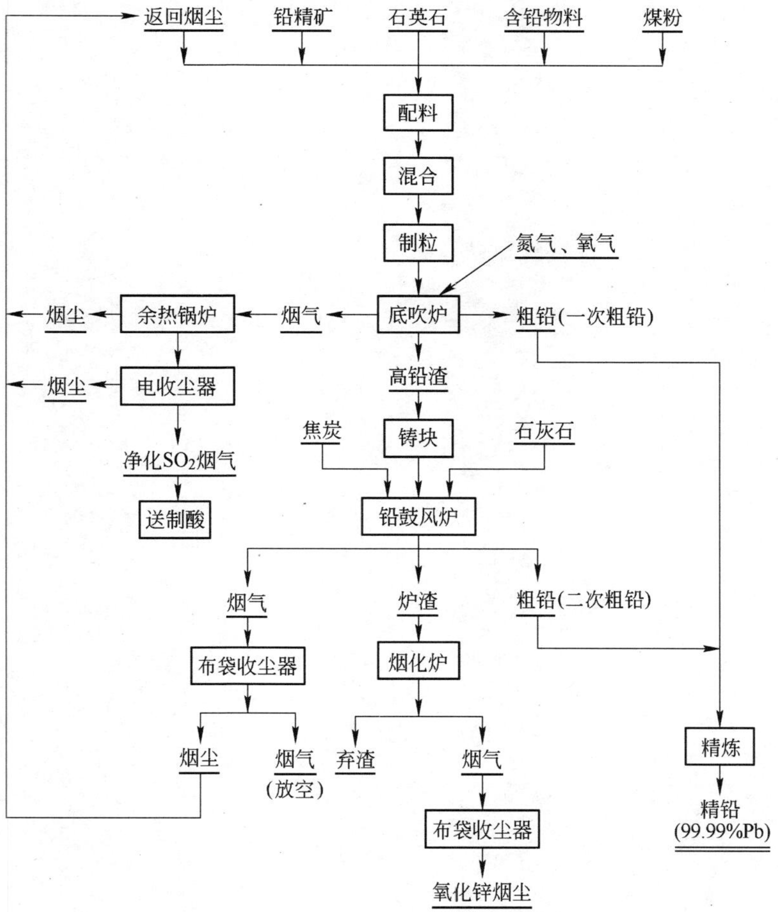

水口炼铅法生产工艺流程图

班级　　　　姓名　　　　学号

7－2　识读冷轧生产工艺流程图，简单口述其生产工艺过程。

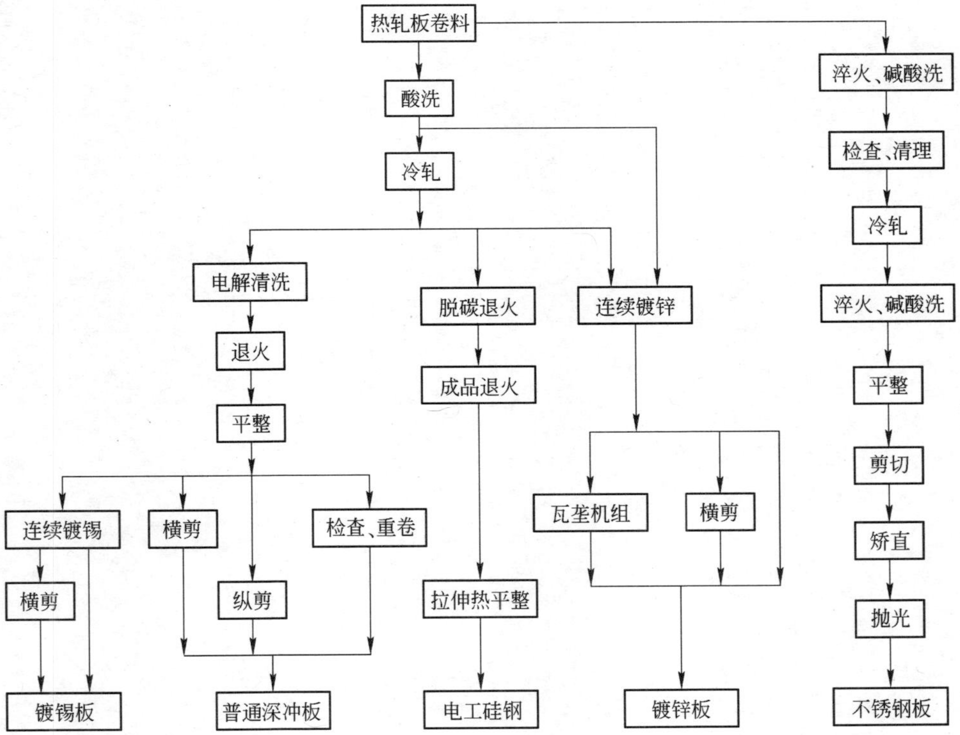

冷轧生产工艺流程图

班级　　　　　　姓名　　　　　　学号

学习情境 8　AutoCAD 二维绘图

8-1　直线命令练习。

(1)

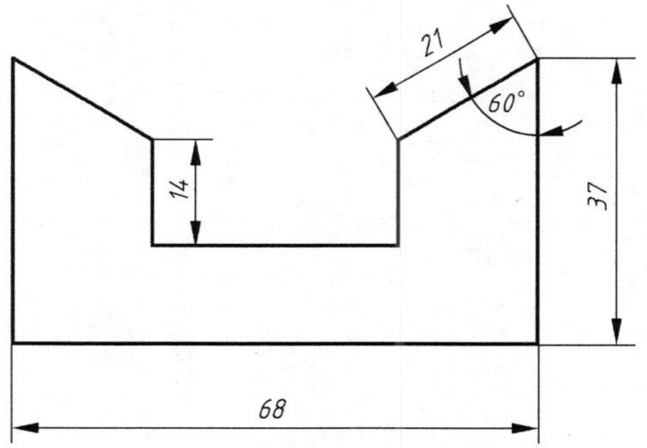

(2)

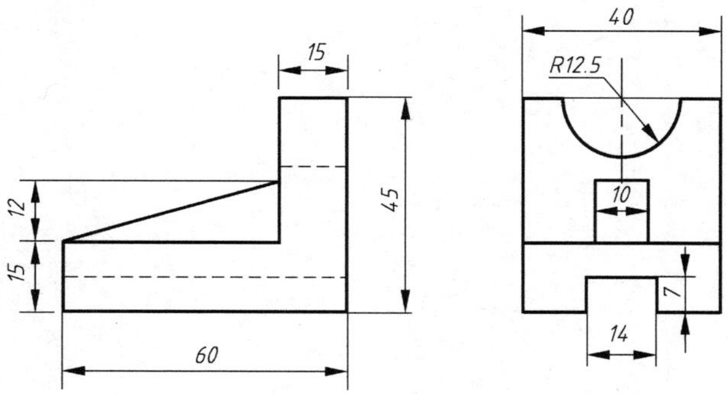

(3)

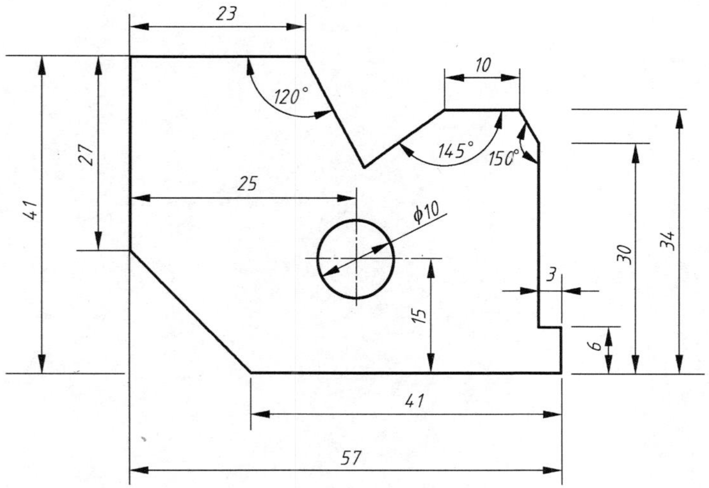

班级　　　　　　姓名　　　　　　学号

8 -2　正多边形及图案填充命令练习。

(1)

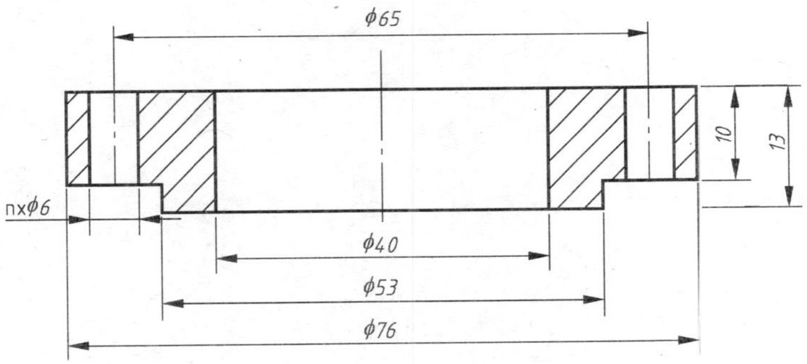

(2)

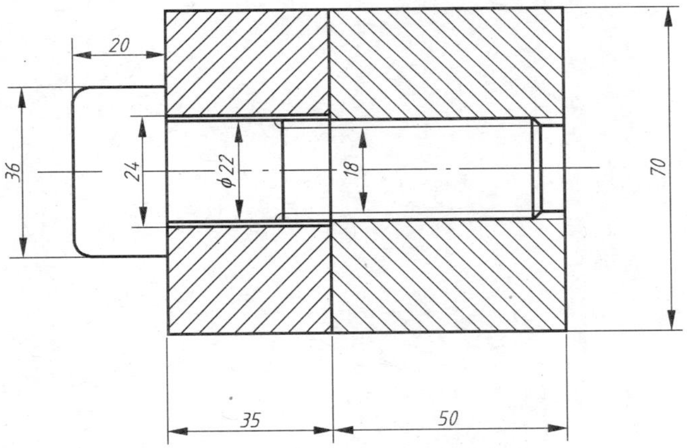

(3)内部图形尺寸自定。

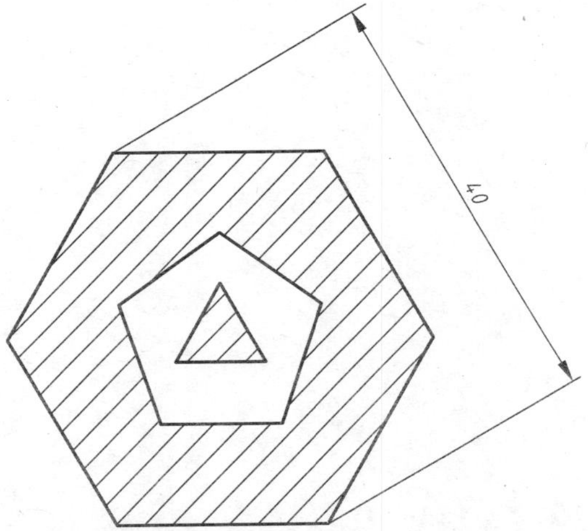

(4)尺寸同练习(3)。

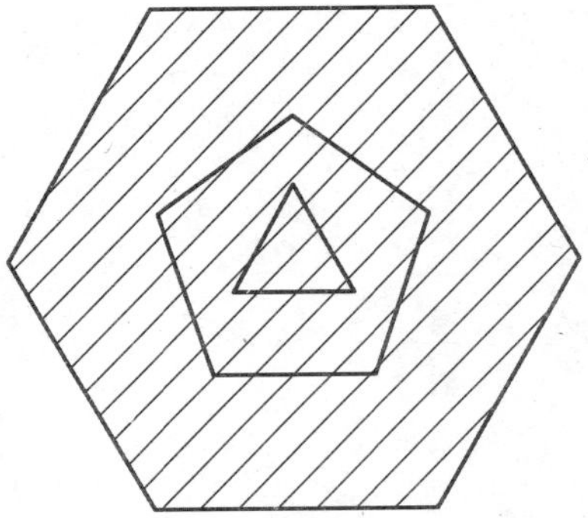

班级　　　　姓名　　　　学号

8－3　圆命令练习。

(1)

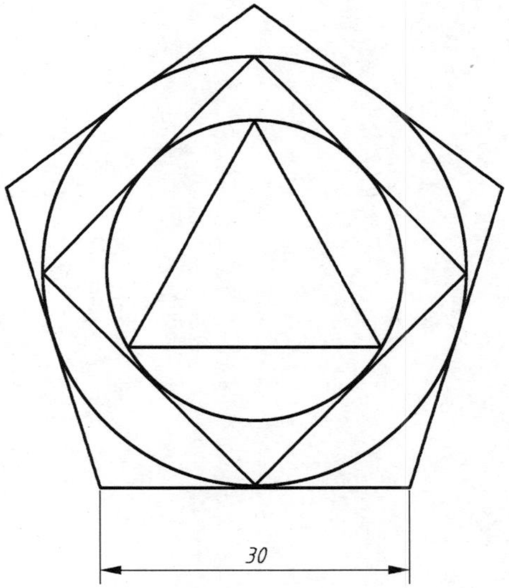

(2)

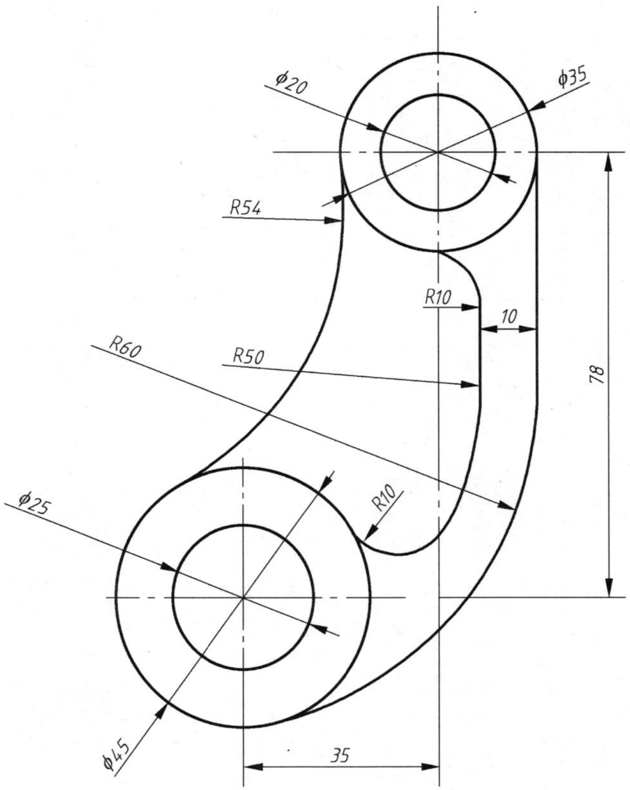

班级　　　　　　　　姓名　　　　　　　　学号

8－4　图层及镜像命令练习。

(1)

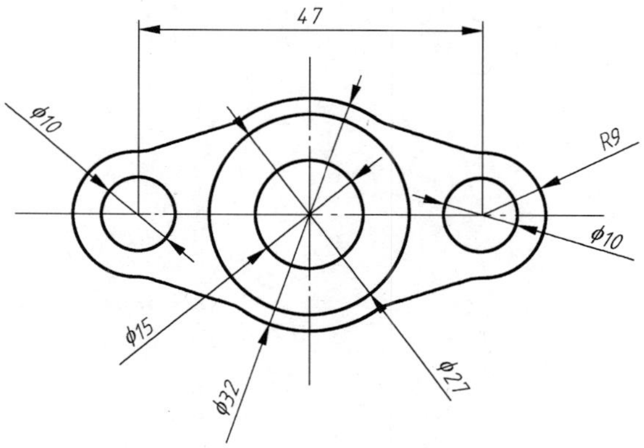

(2)

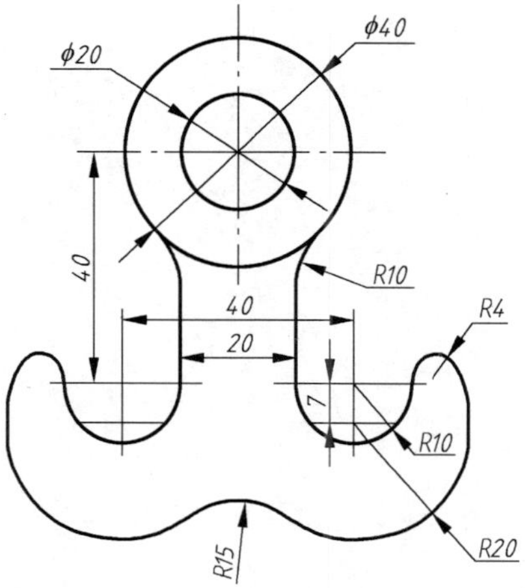

8－5　多段线命令练习。

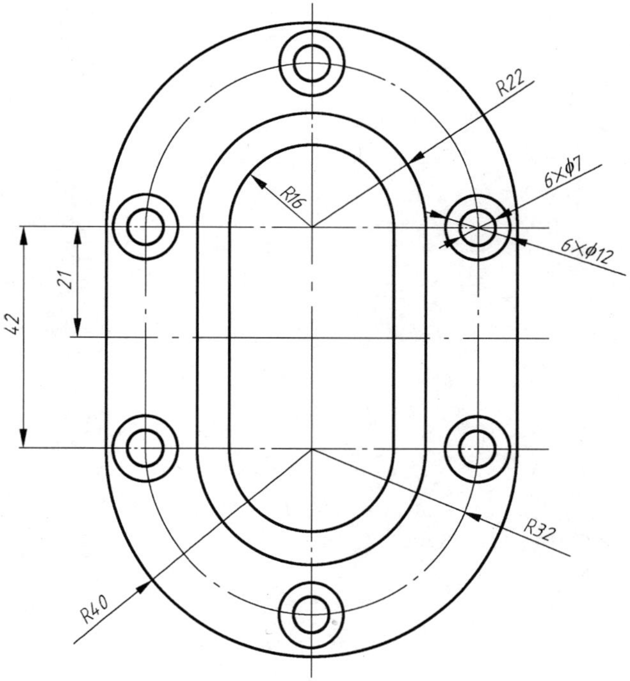

班级　　　　　　姓名　　　　　　学号

8-6 样条曲线命令练习。

(1) 按五点法画下面给定的正弦曲线。

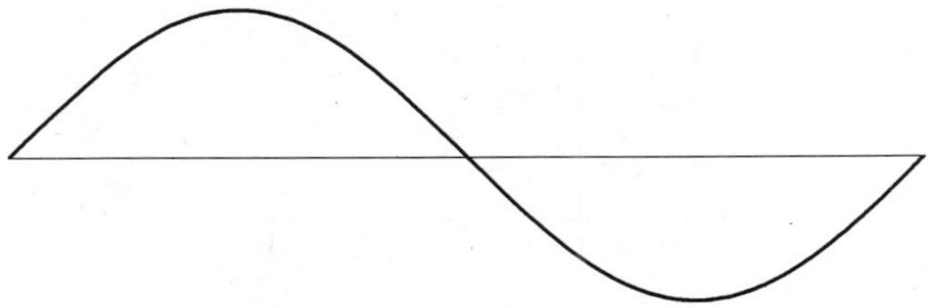

X坐标	0	1.57	3.14	4.71	6.28
Y坐标	0	1	0	-1	0
键盘输入	任意点	@1.57,1	@1.57,-1	@1.57,-1	@1.57,1

(2) 完成下面局部剖视图(所需尺寸在图中量取后取整)。

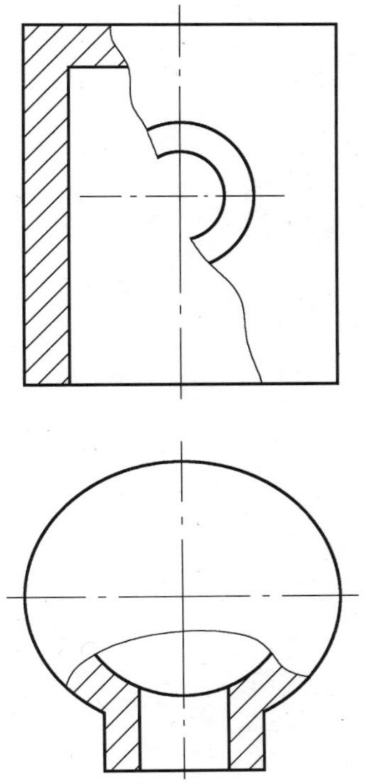

班级　　　　姓名　　　　学号

8-8 文字注写练习。

(1)

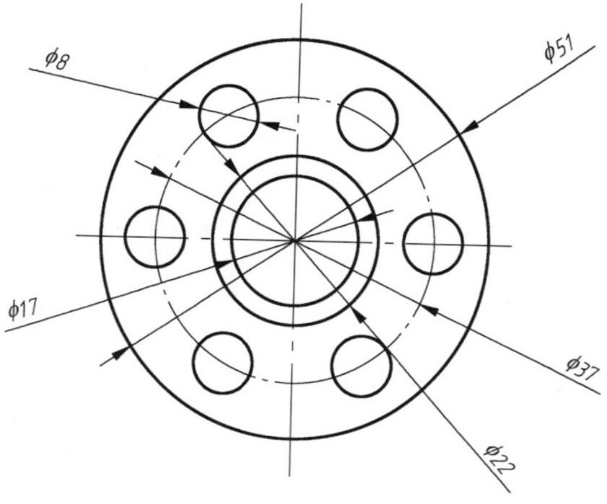

(2)

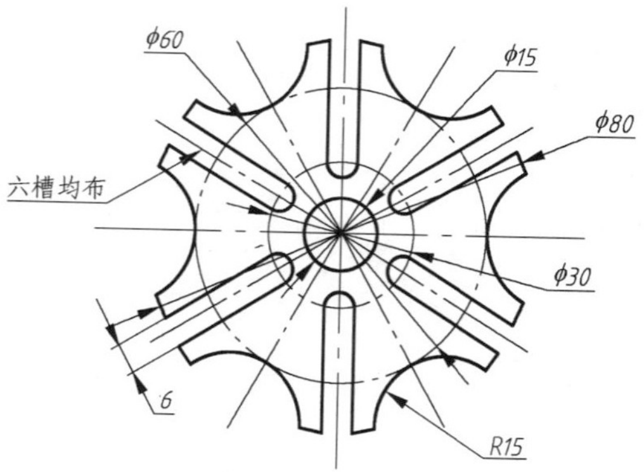

在A4图纸内按下图标注尺寸绘制标题栏及技术要求。

技术要求

1. 未注圆角为$R3\sim5$；
2. 铸件不得有气孔、砂眼等缺陷；
3. 铸件应退火处理。

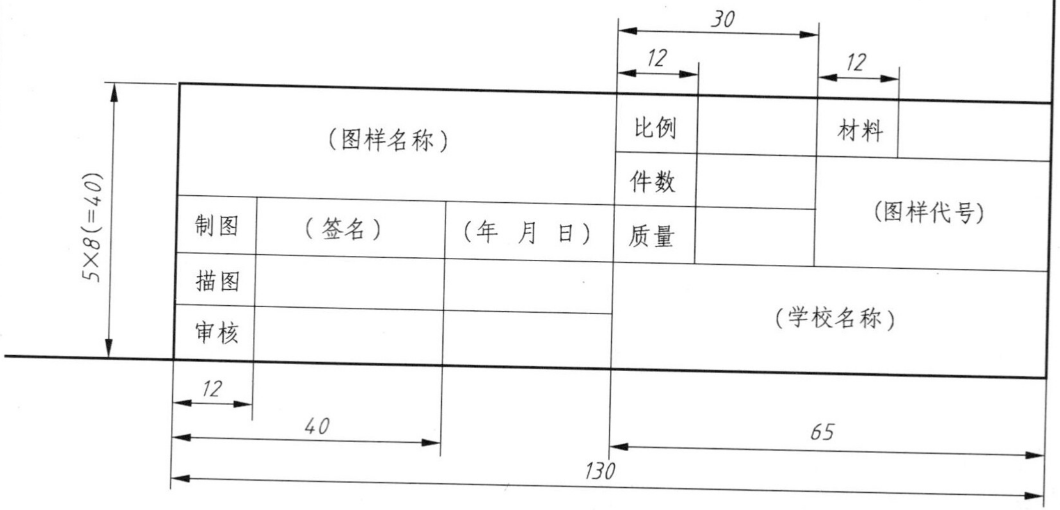

班级 姓名 学号

8－9　尺寸标注练习。

(1)

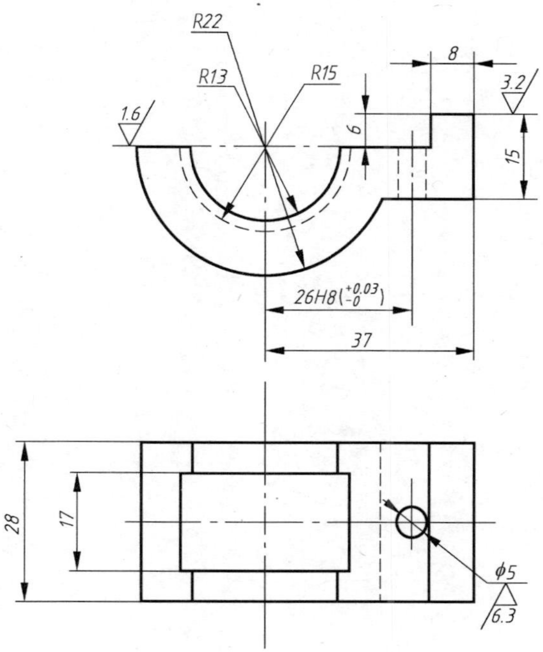

(2)

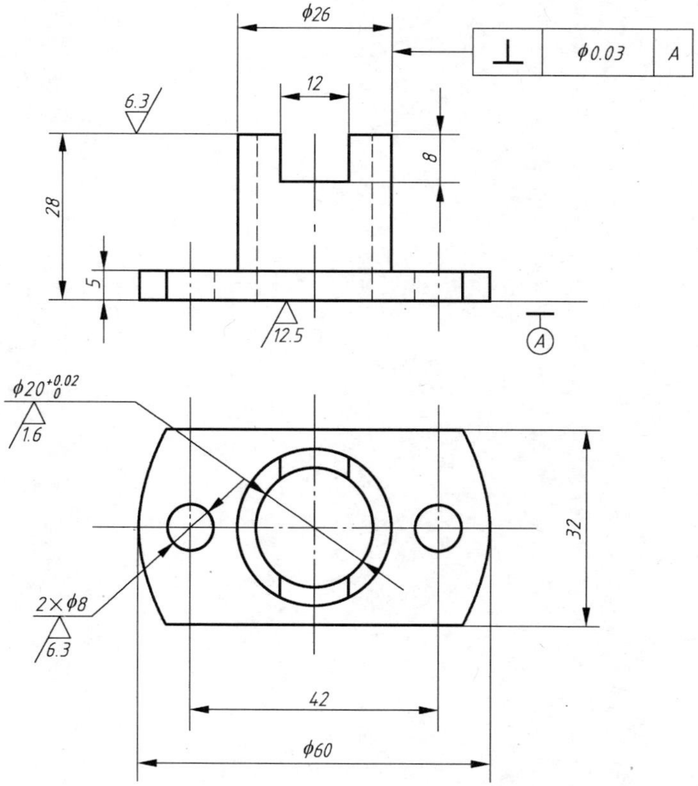

班级　　　　姓名　　　　学号

8 -9　尺寸标注练习。(续)

(3)

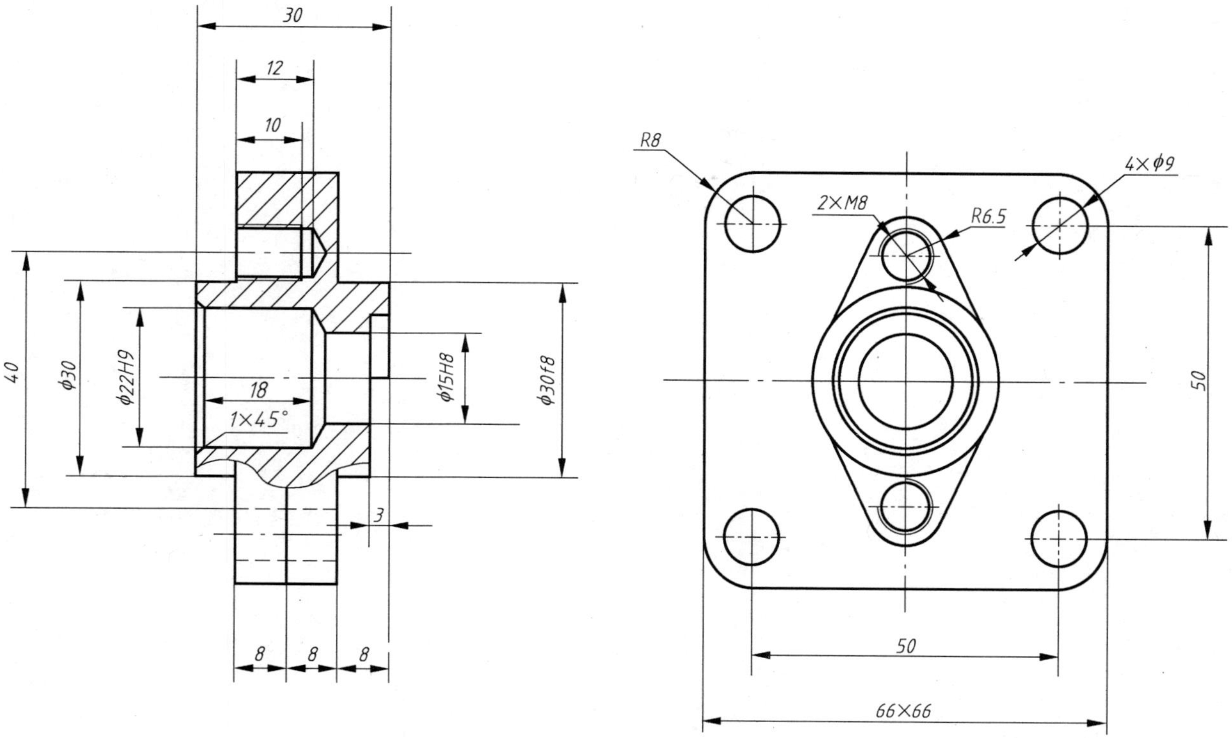

班级　　　　姓名　　　　学号

学习情境 9　AutoCAD 三维绘图

按三视图所给尺寸绘制右图所示三维实体。

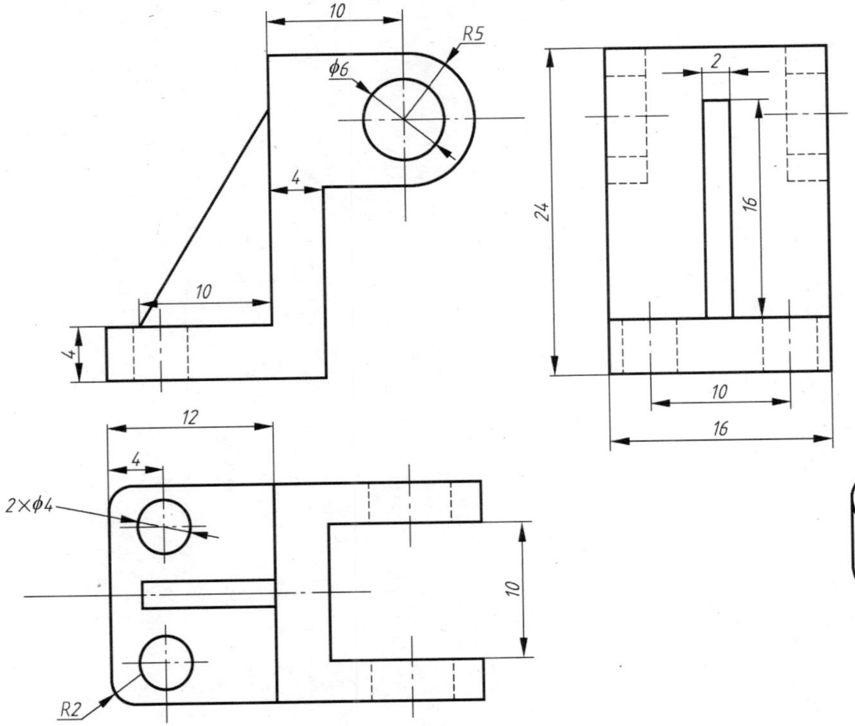

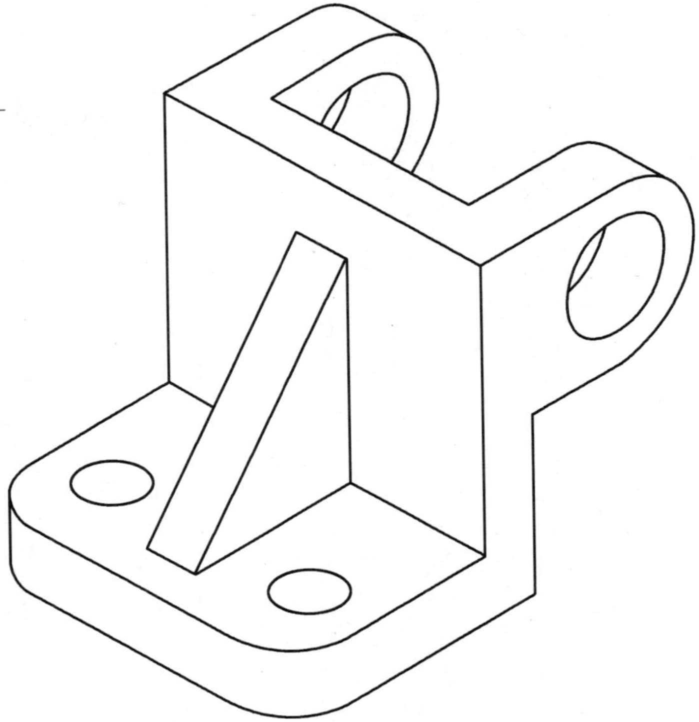

班级　　　　姓名　　　　学号